大熊猫科普教育丛书

丰容实践推荐手册

兰景超　奉永友　张　玲◎主编

中国林業出版社

·北 京·

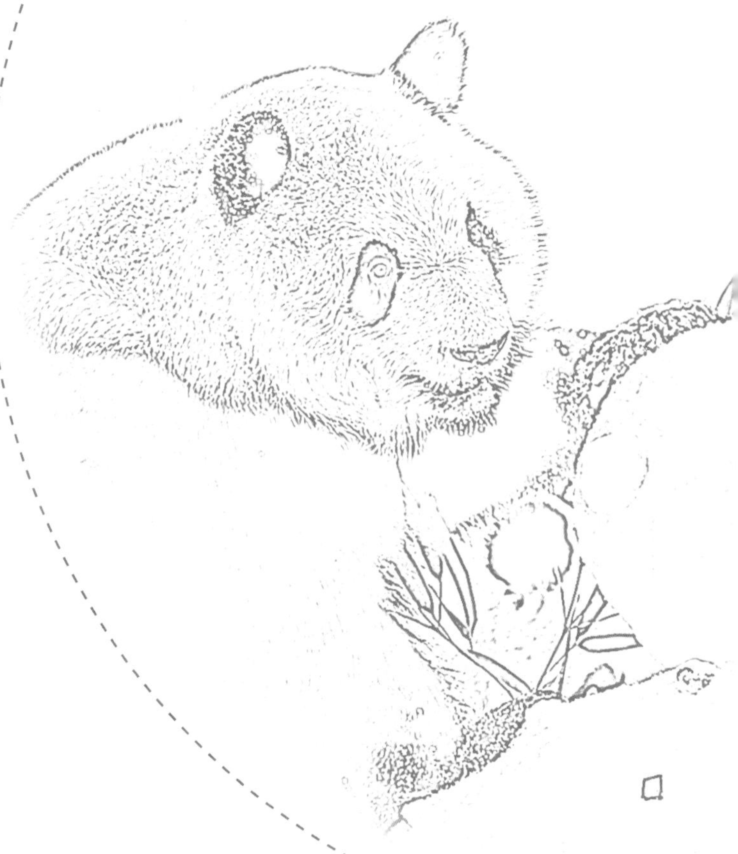

大熊猫科普教育丛书编委会

《丰容实践推荐手册》编委会

主　　编：兰景超　奉永友　张　玲

副 主 编：李德生　杨奎兴　廖　骏　傅琰华

参　　编：黄祥明　吴孔菊　黄　炎　魏荣平　张贵权
张　一　钟　义　袁　博　彭文培　任晨媛
李　鸣　张　琳　谢　意　张晓卉　邓　陶
陈　敏　王树群　张　皓　杨　诚　杨　平
李　翰　郑　浩　卓桂富　张力行　庞颖希
唐浩元　陈　波　邓　珏　赵康明　梁润雄
黄　治　吴代福

顾　　问：张志和　张金国　王革生　王成东　侯　蓉
张成林　张铁卓

编著单位：中国野生动物保护协会、成都大熊猫繁育研究基地、
中国大熊猫保护研究中心、浙江大学生命科学学院

本书得到国家林业和草原局野生动植物保护司支持

前言

PREFACE

《丰容实践推荐手册（大熊猫科普教育丛书）》是在国家林业和草原局野生动植物保护管理司的指导下，由中国野生动物保护协会、成都大熊猫繁育研究基地、中国大熊猫保护研究中心、浙江大学生命科学院、北京动物园和部分大熊猫借展单位共同完成的专门针对圈养大熊猫实施丰容的推荐性手册。

随着圈养大熊猫饲养管理水平的不断提高和社会关注度的不断提升，为进一步提高大熊猫科普教育展示水平，大熊猫保护工作者孜孜不倦地探索如何通过丰容的方式促进圈养大熊猫的身体健康和心理健康，让圈养大熊猫充分表达其本能行为及特异性行为，展现自然良好的状态。本书以图文并茂的方式向公众介绍了大熊猫丰容工作已取得的成果，通过理论与实践相结合的方式引导大熊猫工作人员根据具体情况不断探索和丰富大熊猫的丰容项目，促进大熊猫丰容工作不断完善和创新。本书通过示范和推广大熊猫丰容工作，希望能更有效提高大熊猫科普公众教育工作水平，更有力传播生态文明理念，强化社会公众的保护意识，发挥旗舰物种保护的示范作用。

本书中部分案例相对成熟，而部分案例尚处探索阶段。大熊猫保护工作人员在实践过程中应根据各地情况因地制宜，采用适合当地条件的丰容方式进行工作。由于编著者水平有限，书中难免存在错误或不当之处，在此敬请广大读者提出批评与建议。

编著者

2021年10月

目录

CONTENTS

58 第三章 大熊猫的感知及伴生动物

85 第四章 展示大熊猫环境的丰容

第一章

大熊猫的丰容概述

一、丰容的概念

丰容是指为满足圈养野生动物生理、心理需求，丰富其生活内容，展示其自然行为而采取的系列措施（北京动物园，2016）；也指使动物生活更加丰富的生存环境的任何变化，其效果强于满足动物免除饥渴的自由，免除不适的自由，免除痛病伤的自由，表达正常行为的自由，免除恐惧焦虑的自由这“五项自由”（Duncan & Olsson，2001；霍西等，2017）。两者着重点虽有不同，但均是为了让动物生活更加丰富。

二、丰容的历史

动物园作为野生动物保护基地，不仅是物种保存、研究与展示的主要场所，而且还承担着向公众进行动物与环境保护宣传教育的责任。随着电视、报纸、杂志、网络等媒介加强了信息的传播力度，公众不仅对动物及其栖息地等信息更加了解，而且生态环境保护的意识也在逐步提高，从而使人与动物和谐共处的理念更为普及。因此，公众和动物管理工作者逐渐也意识到钢筋水泥结构的单调建筑并不适合动物居住，而且不断呼吁和尝试改善动物的生活环境。

1925年，灵长类专家罗伯特·耶基斯（Robert Yerkes）提出在灵长类动物的笼舍内安装一些供灵长类动物玩耍的设施，以鼓励它们玩耍和活动，并首次提出了丰容的观点。20世纪50年代，苏黎世动物园圈养动物心理学者海迪格（Hediger）提出改善圈养动物的生存环境及质量的重要性。20世纪70年代，马科维茨（Markowitz）提出行为工程（后来被称为行为丰容），认为行为丰容可以成功刺激理想的行为，提高积极性。这种行为工程的方法，旨在寻求恢复动物食欲行为（如觅食）和完善动物行为表现（如喂食）之间的自然偶然性。1993年，美国斯密桑宁国家动物园（美国华盛顿动物园）首次举办丰容会议并开始着手丰容工作（Robert，2003；霍西等，2017；张轶卓和何绍纯，2019）。

我国的丰容概念是北京动物园在1995年提出的，并首次在猩猩馆中尝试。随后，我国其他动物园及动物饲养繁育机构也对其他物种尝试开展丰容工作。大熊猫（*Ailuropoda melanoleuca*）不仅是濒危物种，也是我国野生动物保护的“旗舰物种”。1996年，卧龙大熊猫研究中心对大熊猫开展丰容试验；2003年，成都大熊猫繁育研究基地经过16年的摸索，系统地开展了旨在丰富大熊猫生活环境和行为的各项工作，包括大熊猫丰容、行为训练等，并于2004年派遣技术骨干前往香港海洋公园学习丰容和行为训练的理论知识，且在此后的实际工作中一直实践、完善和创新；2005年，成都动物园对大熊猫场馆进行丰容；2017年，成都大熊猫繁育研究基地举行了第一届大熊猫丰容大赛。因此，自大熊猫易地保护工作开始以来，大熊猫的保护工作者便在不断探索和改善圈养大熊猫的饲养管理方式和生境，以保证大熊猫健康成长。

三、大熊猫丰容的目的及意义

大熊猫丰容是一个动态的过程，是基于对野生大熊猫行为学、自然生活史和基本需求的了解，人为改变圈养大熊猫的局部或整体生境（包括但不限于改变动物笼舍结构或饲养管理方式），从而促进大熊猫表达多样化行为和物种特异性行为，而不仅仅是提升大熊猫的活跃水平。其中，促进大熊猫表达野生状态下的行为是丰容的主要方向，也是最简单、便捷、应用最为广泛、实践效果最好的丰容方式，但这种丰容方式要求使用者对野生大熊猫的行为规律、栖息地特征、个体及群体状况、为生存与繁衍所表现出的行为和社群关系等有充足、全面、真实而准确的理解，而比较野生大熊猫与圈养大熊猫生境与行为的差异，更有利于圈养大熊猫丰容工作的开展。

在野外条件下，大熊猫每天要花费一半以上的时间和精力来寻找、加工和处理食物，躲避危险，标记领域等；但在食物充足、环境稳定、竞争缺失的圈养环境下，大熊猫不需要花费时间应对野外条件下的未知挑战，也缺失了表达更多自然行为的环境条件和刺激。通过有效的丰容方式，改变动物的生活环境，提供隐藏的环境，能有效提高圈养大熊猫的生境利用率、延长大熊猫的取食时间、激发大熊猫探究兴趣、提高大熊猫活动的积极性、促

进多样化行为和物种特异性行为的表达、减少大熊猫的异常行为、满足大熊猫的行为需要和优化大熊猫感官接受刺激的水平。此外，针对实验室和农场动物的研究发现，丰容可以提高动物的视力和记忆力，增加动物大脑的可塑性和对环境变化的适应性，减少动物的恐惧，促进动物繁殖（霍西等，2017）。

公众教育是大熊猫保护机构的重要职能之一，大熊猫丰容相较于传统的日常管理而言，更具变化性、知识性和趣味性，以丰容为核心的公众教育项目深受各年龄段游客的喜爱。通过展示大熊猫与丰容项目的互动，不仅使公众更深入地认识大熊猫的生物习性，而且更全面地了解大熊猫保护机构在丰富大熊猫生境和行为方面所做出的努力。此外，大熊猫丰容工作也因其参与性和创造性强的特点，成为向公众展示的一大特色。

四、大熊猫丰容的分类

目前，丰容分类有多种方法：第一类分为食物丰容、环境丰容、感知丰容、社群丰容和认知丰容（霍西等，2017）；第二类分为展示环境的丰容、管理程序改变的丰容、社会性丰容和感官刺激丰容（张铁卓和何绍纯，2019）；第三类分为专业的、物体的、感觉的和营养的丰容（Robert，2003）。结合大熊猫丰容的实践以及现有动物丰容分类的优点，大熊猫丰容分为两大类，分别是食物类丰容和非食物类丰容。其中，食物类丰容是指在丰容过程中使用了大熊猫能食用物品的丰容，为了便于在书中阐述以及读者更好的理解，食物类丰容又细分为以食物为基础的食物丰容、感知丰容和认知丰容，但因为食物的色、香、味和外形等本质属性的一体性，因此在使用食物进行食物丰容、感知丰容、认知丰容时是无法使它们绝对独立的，事实上也没有必要让它们绝对独立；相反，在实践过程中，因为丰容方式的交叉重叠、相互结合会使丰容效果更为突出，并取得各种意外收获，因此更推荐对大熊猫采取多种丰容方式相结合的复合丰容。非食物类丰容是指在丰容过程中未使用大熊猫可食用物品的丰容，包括展示环境的丰容以及不涉及食物的感知丰容。

食物丰容是指通过增加和改变大熊猫的食物种类，提高大熊猫的食物获取难度或改变食物投喂时间等方式的丰容，包括但不限于在环境中涂抹、散放、悬挂、隐藏食物以及对食物加工和添加简单的取食器等。本书展示的案例有“食物种类”“食物悬挂（5个）”“食物隐藏（3个）”“风车”和“冰块”。

以食物为基础的感知丰容是指任何以食物为基础，可以刺激大熊猫感觉（视觉、听觉、嗅觉、味觉等）的丰容，包括但不限于利用食物的气味、颜色、形状、味道等。本书展示的案例有“食物提取物”。

以食物为基础的认知丰容是指通过解决益智饲喂器才能获得食物的丰容。本书展示的案例有“吊筐”“漏食绣球”“转盘采食器”“弹力竹筒取食器”和“打地鼠投食器”。

展示环境的丰容是指动物生境中的物体发生的任何变化，无论长期还是暂时的，包括但不限于提供水池、泥坑、常规植物、器具、新奇物体、垫料栖架和平台等。本书展示的案例有“乔灌花草”“栖架”“爬架”“堆木”“叠石”“溪流及水池”“洞穴”“垫料”“雾森系统”“雪”“冰挂”“竹（笋）的插筒”“插竹器”“秋千”“软梯”“吊床”“竹质屏障”“球形玩具”“活动木桩”和“新奇玩具”。

不涉及食物的感知丰容是指在丰容实践过程中，不使用大熊猫能食用的任何物品，包括但不限于无毒无害的香料、有气味植物、同物种或伴生动物的分泌物、同物种或天敌或自然界其他物种的声音、让大熊猫能看到其他地方的动物等。本书展示的案例有“酸”“苦”“辣”“香臭刺激性气味”“同物种气味丰容”和“伴生动物的声音”。

五、大熊猫丰容的注意事项

大熊猫丰容是人、动物和环境三者间的互动，也就是动物管理工作者为大熊猫改变环境，然后根据大熊猫与环境的互动情况而进行调整的互动性工作。

安全评估是大熊猫丰容项目中最重要的工作。在开展大熊猫丰容工作前，需要全面评估丰容项目是否会对大熊猫、游客和饲养管理人员造成安全事故。为避免大熊猫因误食丰容材料而受伤或者死亡，在丰容项目中所使用的材料，必须无毒无害，鼓励尽量使用大熊猫生境中存在的天然材料；同时，丰容材料被大熊猫能接触的各个面均应平滑圆钝、无尖刺，以防丰容材料过于尖锐导致大熊猫受伤或死亡。在丰容过程中，应尽量少用或不用绳索、铁链或藤蔓类材料，若必须使用，该类材料也必须固定好，余留、分叉部分不宜过细、过粗、过长、过多，且必须采取合适的方法处理；若同时使用多根绳索类材料，则应尽量扎成一束，以防大熊猫尤其是幼年和亚成年个体被缠住，引发安全事故；若用绳索悬挂物品，物品与绳索、铁链、藤蔓间可以使用强度适宜的快速扣连接，以便更换和拆除所挂物品。若使用的丰容物品有空隙，则必须充分考虑大熊猫的肢体、身体宽度，确保空隙应足够小以使大熊猫肢体无法伸入，或足够大以便于大熊猫自由穿梭，避免大熊猫尤其是幼年和亚成年个体被丰容物品的缝隙夹住；若使用的丰容物品体积较大或高度较高，则必须将其固定好且远离场地边缘，以免大熊猫借助丰容物品外逃。若进行食物类丰容，使用人员应注意食物种类、食物清洁、食物品质、每次使用的数量平常情况水果用量不应超过大熊猫每天饲养管理要求的用量，如苹果300～600g/天；特殊情况（如节假日、生日或其他情况可提高水果用量，并混杂部分不食或厌恶的水果），避免大熊猫采食后引起不适反应。丰容完毕后，使用人员应及时清理大熊猫长时间未找到的食物，避免变质腐烂的食物被大熊猫食用而引起消化系统疾病或中毒。若进行视觉、嗅觉、味觉等感知类丰容，使用人员要充分考虑大熊猫的活动空间、逃逸空间、年龄、生理状态及应激反应等，避免大熊猫应激过度而罹患疾病甚至死亡。

对丰容物品消毒是大熊猫丰容项目最基础的工作之一。所有丰容物品（植物、食物）的原材料在使用前应按照常规消毒要求进行全面彻底的清洁消毒，制作成丰容物品后应再次消毒并用清水清洗干净，才能投给大熊猫使用，有条件的地方可以经兽医评估后再使用。

丰容效果评估是丰容项目的核心工作之一，是指导和完善丰容项目的重要依据，也是检验丰容工作成效的有效手段。“SPIDER”是一套系统的丰容效果评估方法，它包括制定丰容目标、丰容计划、执行丰容项目、总结丰容成果、评估丰容效果、重新调整和再次设置丰容目标。在实践过程中，通常是使用人员观察投放丰容物品后大熊猫是否与其互动，以及互动过程是否达到了预设目标（霍西等，2017）。

丰容物品使用效果的影响因素包括但不限于大熊猫的年龄、性别、性格、生理状态、健康状况、食物情况、对丰容物品使用方式以及使用频次等。因此，大熊猫饲养管理人员应因“熊”制宜，制定符合各自需求的丰容方式。此外，为充分开发丰容物品的使用效果，大熊猫饲养管理机构应因地制宜，结合本地特色，尽可能开发适合当地条件的丰容方式。所有的丰容项目都不是孤立使用的，为取得好的丰容效果，鼓励管理人员将多种丰容项目相混合而开展复合式丰容。此外，为了让动

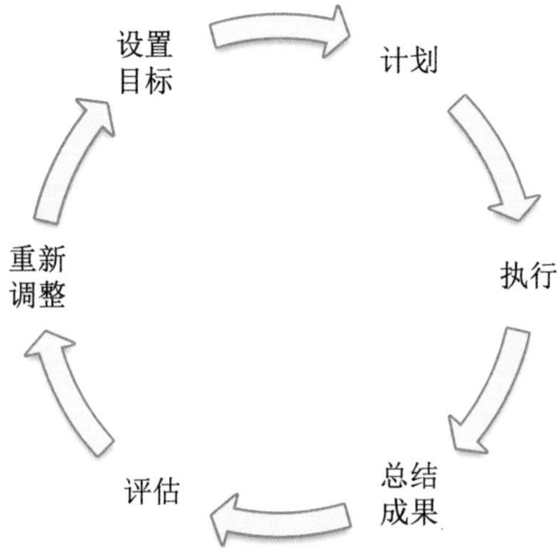

“SPIDER”流程图

物从丰容工作中不断受益，管理人员必须确保不断更新丰容内容，为动物带来新鲜感；因此，管理人员应制订丰容工作的时间计划表，确保丰容的变化性、新奇性。但是，管理人员也需警惕为了达到某种展出效果而“过度”丰容会引起大熊猫出现异常的心理及行为。

第二章

大熊猫的觅食和活动

圈养大熊猫的丰容是建立在管理人员对野生大熊猫的了解基础之上而进行的旨在促使圈养大熊猫表达多样化行为和物种特异性行为的探索。因此，全面、详细、真实而准确地了解野生大熊猫的食性、采食行为、活动规律等生物学特性，对圈养大熊猫丰容工作的探索与创新大有裨益。

一、大熊猫的食性

（一）竹（笋）种类及其营养价值

大熊猫的食谱中竹（笋）占比超过99%以上（胡锦矗，1995；魏辅文等，2011）。据不完全统计，大熊猫食用竹达100余种，如箭竹（*Sinarundinaria nitida*）、冷箭竹（*S. fangiana*）、大箭竹（*S. chungii*）、丰实箭竹（*S. ferax*）、短穗箭竹（*S. brevipanicalata*）、拐棍竹（*Fargesia spathacea*）、八月竹（*Chimonobambusa szechuanensis*）、刺竹子（*Ch. puchstachys*）、筇竹（*Qiongzhuea tumidinoda*）、三月竹（*Q. opienesis*）、箬竹（*Indocalamus longiauritus*）、石绿竹（*Phyllostachys arcana*）、慈竹（*Sinocalamus affinis*）、紫竹（*Ph. nigra*）、斑竹（*Ph. bambusoides*）、白夹竹（*Ph. nidularia*）、水竹（*Ph. heteroclada*）、玉山竹（*Yushania*）、坝竹（*Ampelocalamus microphllus*）、刚竹（*P. viridis*）、苦竹（*Sinobambus maculata*）、凤尾竹（*Bambusa mutliplex*）和巴山木竹（*B. fangesii*）等，但是每个山系的大熊猫喜食竹（笋）种类不尽相同，一般仅选择2～5种竹子作为喜食竹种（胡锦矗，1981；1995）。

大熊猫长久以来以竹（笋）为主要食物，发展出一系列适应性的觅食对策，如通常选择竹林面积大，竹子种类多，生长发育处于营养生长期，年出笋率高，一、二年生占比大，覆盖度60%左右的竹林作为最佳的食物基地，然后再分片、分株选择；在具体摄食时，选择营养质量最丰富的竹种为食，偏好选择粗壮新笋，摄食竹（笋）营养质量最丰富的部分（如竹叶和竹笋）（魏辅文等，2011），一般依竹笋、嫩枝叶、1～2年生竹茎、2～3年生竹梢的顺序进行选择（胡锦矗，1981）。

大熊猫对摄入竹子的干物质的消化利用率较低而且还受季节及食物成分的影响，通常对竹笋的消化利用率最高（胡锦矗等，1985；魏辅文和胡锦矗，1997；何礼等，2000）。大熊猫食用竹笋含水量最高可达80%～90%，粗蛋白含量28.2%～37.2%，粗脂肪含量1.46%～2.45%，粗纤维含量11.07%～15.80%，富含维生素以及钙（0.06%～0.22%）、磷（0.47%～0.79%）、铁、镁等微量元素。其中，蛋白质类至少含有17种氨基酸，尤以天门冬氨酸含量最高（2.69%～6.11%）（胡锦矗，1981；1995；李明喜等，2011）。虽然竹笋氨基酸不稳定，但是因其蛋白质和含水量高、纤维少、易消化，仍是大熊猫最喜欢的食物，尤以方竹属的竹笋和拐棍竹的竹笋最甚，其次为大箭竹笋和筇竹笋（胡锦矗，1981）。大熊猫采笋高峰期每天采食时间可达20h，通常都会选粗留细，择长留短，若竹笋太高，则咬弃笋节只吃其幼嫩部分（胡锦矗，1995）。

竹茎是大熊猫常食的部分，即使在嗜食竹笋的时期也会兼食部分竹茎，在冬季以及缺秋笋的秋季，卧龙地区的成年大熊猫一般都以竹茎为主食（胡锦矗，1981）。但是大熊猫只能消化竹茎细胞壁20%～50%的半纤维素，而无法消化大部分纤维素和全部木质素，因而大熊猫获取的营养物质主要是竹茎的细胞壁内含物。竹茎含水量为40%～50%，干物质的营养成分包括蛋白、总糖、粗脂肪、粗灰分，其营养含量因器官而异，自下部到上部逐渐增加，在竹叶部分含量最高，而粗纤维含量与之相反；在不同器官和年龄的竹株中微量元素含量也有差异，主要依竹叶、枝条、一年生茎、二年生茎、多年生茎递次减少（胡锦矗，1995），故而大熊猫在春夏时节喜爱选择二年生茎，秋冬时节选择当年生幼竹的竹茎。大熊猫采食时主食竹茎中段丢弃竹梢，也采食直径5cm以上的竹梢（胡锦矗，1981）。

竹叶含水量为50%～60%，蛋白质含量高而稳定，相较于竹茎而言，不仅半纤维素与矿物质含量高，而且纤维素与木质素含量低，因而大部分山系的大熊猫一年采食竹叶的时间最长，比例最高，一般夏季枝繁叶茂期主食幼嫩枝叶，冬季则寻找枝多叶大且青而不枯的枝叶（胡锦矗，1995）。成年大熊猫一般兼食竹叶和竹梢，在冬季时采食竹梢比重更大，而幼体和年老个体则不分季节主要以叶梢为竹食，受孕母体在产仔前后也有多吃竹梢的现象（胡锦矗，1981）。

（二）大熊猫的偶食性食物

可能出于应急、消遣或其他原因（马建章等，1990），大熊猫偶尔也摄食其他种类的食物，但这些食物总量仅在1%左右。常见的偶食性食物有竹子实生苗、非竹类植物、动物以及动物尸体。竹子实生苗因含较多有机酸和生物碱，味道苦涩，大熊猫平时不采食。非竹类植物性食物包括川莓（*Rubus setchuenensis*）、玉米（*Zea mays*）秆、南瓜（*Cucurbita moschata*）、四季豆（*Phaseolus vulgaris*）、猕猴桃（*Actinidia* sp.）、山枇杷（*Ilex franchetiana*）、藏刺榛（*Corylus ferox*）、聚合果（*Sorocarpus uvaeformis*）、白亮独活（*Heracleum caudianus*）秆、华山松

(*Pinus armandi*)皮、杉树(*Taxa diaceae*)皮、朽木、藁本(*Ligusticum sincnses*)、节节草(*Equisetum hiemale*)、香柏韭(*Allium* sp.)、羌活(*Notopterygium*)、蕺菜(*Honttnyxia cordata*)、香柏藏苗(*Juniperus* sp.)、空洞菜(*Saussurea* sp.)、眼子菜(*Potamogeton* sp.)、胡萝卜(*Daucus carota*)、玉米(*Zea mays*)、小麦(*Triticum aestivum*)、老芒麦(*Alymus sibircus*)、青茅(*Deyeuxia*)、苔草(*Carex*)、野当归(*Angelica*)、多孔菌(*Polyporus*)、荞麦(*Fagopyrum esculentum*)、莞青(*Scirpus linn*)、糙苏(*Phlomis umbrosa*)、凤毛菊(*Senecio saussureoids*)、木蹄层孔菌(*Fomes fomentarius*)等。活体动物性食物有竹鼠(*Rhizomys sinensis*)、野山羊(*Capra sibirica*)、圈养山羊(*Capra hircus*)、绵羊(*Ovis aries*)、家鸽(*Columbae livia domestica*)等。动物尸体有林麝(*Moschus berezovskii*)、金丝猴(*Rhinopithecus roxellanae*)、斑羚(*Naemorhedus goral*)、毛冠鹿(*Elophodus cephalophus*)、野猪(*Sus scrofa*)、鬣羚(*Capricoris sumatraensis*)、猪、牛、羊等尸体,其中大熊猫更喜欢烧制后的猪、牛、羊的骨块(胡锦矗,1981;李华等,2006)。

二、大熊猫的采食行为

在平缓区域内觅食有利于大熊猫减少能量消耗或释放前肢(魏辅文等,2011),因而大熊猫偏好在夷平地、坳沟、肩坡和山脊等坡度低于20°(特别是坡度低于10°)、上层乔木郁闭度大于50%的向阳的南坡等区域觅食,不喜欢在坡度大于30°的陡坡觅食(魏辅文等,1999)。因环境的植被、小气候、光照等差异,大熊猫觅食前先沿山脊或河谷等较直的路径作缓慢游荡及少量觅食;当选定当日最佳摄食场后,为扩大选择面,大熊猫的采食路径与较直的取水和取样径不同,通常呈"Z"或"∞"形的弯曲路径(胡锦矗,1995)。

冶勒省级自然保护区的大熊猫大约在12月至次年的4月以竹茎为主(85%),兼食少量竹叶(15%);而5~6月则随机采食竹茎和竹笋;7月为竹叶、竹茎、竹笋过渡期;8~10月以竹叶为主(82%),兼食少量竹茎(18%);11月为竹叶、竹茎过渡期(蒋辉等,2012)。

马边大风顶国家级自然保护区的大熊猫在5~7月以大叶筇竹和箬竹的竹笋为主;夏季以箬竹茎为

食，在7月底至8月初以当年生幼竹的竹茎为主食（84%～90%），兼食少量其他竹龄的竹茎（15.1%），在8月中旬至9月初以二年生竹茎为主食（74.6%），兼食少量幼竹（15.04%）和多年生竹茎（10.36%），在9月下旬到10月初则以一年生箬竹竹叶（74.5%）为主，兼食多年生箬竹竹叶（23.2%），极少采食当年生箬竹竹叶（2.2%）；从秋季到冬季都采食大叶筇竹竹叶，在秋季和11月则以当年生竹叶选择性最强（96.3%），而在冬季也以大叶筇竹竹叶为主食（当年生竹叶占48.5%，二年生竹叶占35.4%，其他年生竹叶占25%），兼食少量竹茎（胡锦矗和韦颜，1994）。

黄龙自然保护区的大熊猫在冬春季节（11月到次年6月）以竹茎为食，枝叶低于20%；虽然7月上中旬华西箭竹已开始大量发笋，但大熊猫并不立即全转向食笋，而仅是择食部分新笋（过渡Ⅰ期），而在7月下旬至9月中旬新笋逐渐长至最高，大熊猫才以新笋为主要食物（占比＞75%），偶尔也觅食少量竹茎（占比＜25%）；9月下旬至10月气温骤然下降，大熊猫开始以枝叶为主食，兼食少量竹茎（Ⅱ过渡期）（胡杰等，2000）。

唐家河国家级自然保护区的大熊猫在10月至次年3月主要采食糙花箭竹的竹叶，偶尔也采食少量竹茎（比例为2∶1）；4月中旬至6月，竹叶采食量下降，开始以竹茎为食；7月，部分大熊猫上移至缺苞箭竹林，以其竹叶（79%）为主，兼食竹笋（21%），然而8～9月又下降到糙花箭竹林并以其竹笋为主食。但是少部分大熊猫也表现出全年以巴山木竹为主食的食物选择模式，在当年9月到次年4月，几乎全以巴山木竹的竹叶为食，而5～6月则以巴山木竹的竹笋为食，待竹笋长高变硬后，大熊猫则离开河谷以缺苞箭竹竹茎为食（77%），偶食少量竹叶（23%），9月初再返回到巴山木竹林（胡锦矗等，1990）。

因此，大熊猫随季节而优化食物的选择。在冬季（11月至次年3月），秦岭和凉山的低山区分别生长有常绿的巴山木竹和箬竹，两地的大熊猫以竹叶为主食，兼食少量竹茎；然而，邛崃和岷山的低山区多被开垦，而且较高海拔的竹叶在冬季大都凋枯，营养价值低，两地的大熊猫以老笋或幼竹为主食，兼食少量未枯萎的竹叶。在春季（4～6月），各山系大熊猫均以竹笋为主食，兼食部分竹茎。在夏季（7～8月），各山系大熊猫则以竹茎为主食，兼食部分较高海拔新发的粗壮竹笋（胡锦矗，1995）。在秋季（9～10月），凉山山系、相岭山系和邛崃山系南部分布着大量方竹属竹子、拐棍竹、大箭竹和筇竹，这些区域的大熊猫根据竹笋生长茂盛程度，常在竹林内辗转选择（胡锦矗，2012），形成春秋季节撵笋的采食行为（秋季以方竹笋为主食，仍兼食部分竹茎）；但邛崃山系北部和岷山山系缺乏方竹属等秋季发笋的竹种，因而大熊猫以当年新发的新枝嫩叶为主食（胡锦矗，1995）。总体而言，虽然大熊猫取食的竹种不同，但在觅食行为上都表现出随物候条件的变化，取食环境中营养质量最为丰富的食物，而在高营养质量食物可得性急剧降低时，一些替代性成分就进入大熊猫食谱中（蒋辉等，2012）。

三、野生大熊猫的活动规律

（一）大熊猫每日的平均活动率

大熊猫是昼夜兼行性动物，不冬眠。由于野生大熊猫营养缓冲安全区非常小（乔治·夏勒，2015），加之竹子的种类以及其营养价值等因素的影响，为了从竹子上获得足够的维持生存的能量，大熊猫每天活动的时间占比为49%～70.86%（胡锦矗，1987；张晋东，2011；Zhang et al.，2015），平均约55%（Zhang et al.，2015），而且主要用以进食、走路和觅食（胡锦矗，1987；潘文石等，2001）为主。虽然大熊猫一般不筑巢，直接躺在潮湿地上、雪上或冻结的地面上休息，但是仍偏好于选择软和干燥且可以依靠的地点，由于针叶树基部有针叶和木屑等，因而大熊猫选择休息点时51%在树基部、30%在竹丛、10%靠着倒树、5%靠着树桩（胡锦矗等，1985）；大熊猫每天不活动状态（包括睡觉、休息等）的平均时间约9.8h（40.9%），在此期间，成年大熊猫有时会坐下或者躺几分钟，偶尔也会停1～2h才继续移动，长时间休息可能发生在白天，也可能在夜晚，有时休息0～4次/天，而亚成年个体比成年个体多1～2次休息，但时间在2h以下（胡锦矗等，1985；胡锦矗，1987）。一般情况下，大熊猫采食结束后就地或在竹丛或在树下休息，休息时间视采食场的大小而定（胡锦矗，1995），在长时间休息的开始或者结束时，大熊猫经常显得烦躁不安。大熊猫用于其他活动的平均时间不超过4.1%（胡锦矗等，1985）。

（二）野生大熊猫的昼夜活动节律

大熊猫日活动节律因“熊”而异，可能两高峰（8:00～10:00与14:00～16:00）一低谷（2:00～6:00）（段利娟，2014），也可能两高峰（最高峰18:00与次高峰04:00）两低谷（最低谷09:00与次低谷00:00）（胡锦矗，1987），还可能三高峰（10:00～12:00；16:00～19:00；23:00～03:00）三低谷（Zhang et al.，2015）。此外，大熊猫的活动节律受生理状态、环境、食物、性别、年龄、季节等多种因素的影响（魏辅文等，2011）。

生理状态、性别和环境对大熊猫活动节律的影响 四川地区的大熊猫发情交配多在4月上中旬（魏辅文和胡锦矗，1994），而秦岭地区的大熊猫则集中在3月中下旬（潘文石等，2001）。发情期的大熊猫每天活动时间长达16～18h，尤其在日出后和日落前2～3h大熊猫很少采食，不安行为、求偶以及追逐寻配行为更加频繁；然而，午间和夜间比较安静，很少发出求偶声（胡锦矗，1987）。大熊猫幼仔集中在8月中下旬及9月上旬出生，幼仔出生后母兽在洞穴内会度过9～25d的禁食期，分娩前后大熊猫母兽平均活动率只有25%（潘文石等，2001；魏辅文等，2011）。因此，大熊猫在3～6月相对活动强度最高，夏季相对活动强度最低（潘文石等，2001）。

环境和食物对大熊猫活动节律的影响

卧龙大熊猫取食营养价值低的竹茎的时间为5个月，采食竹笋1个月，采食竹叶6个月，而秦岭大熊猫采食营养丰富的竹叶长达10个月，采食竹笋2个月（潘文石等，2001）。因此，为了从竹子上获得足够的维持生存的能量，卧龙大熊猫用来觅食的时间相对更多。加之，卧龙地形复杂、坡度更大，大熊猫在觅食、移动等活动中需要付出更多能量，可能导致卧龙大熊猫活动率更高，而秦岭大熊猫呈现单峰曲线的昼夜活动节律（潘文石等，2001；张晋东，2011）。

性别和年龄对大熊猫活动节律的影响

虽然大熊猫是昼夜兼行性动物，但白昼活动率高于夜间（魏辅文等，2011）。生育期的雌性大熊猫平均活动率白天为66%，夜间为64%；雄性成年大熊猫活动时间白天占67%，夜间占57%；雄性亚成年大熊猫平均活动率白天为62%，夜间为58%；雌性亚成年大熊猫平均活动率白天为58%，夜间为57%（胡锦矗，1987）。

（三）大熊猫的移动距离

大熊猫每日移动距离因个体、生理状态、季节、食物、年龄等差异较大（Zhang et al.，2015）。卧龙大熊猫平均每天活动距离为600～1500m，直线距离不超过500m（胡锦矗等，1985；Zhang et al.，2015）；秦岭的大熊猫个体在同一个时间间隔内的迁移距离存在很大差别，而且同一个体30d内的迁移距离随时间间隔的增加而增大（潘文石等，2001）。而成年雄性或者亚成体大熊猫能在采食很少或者不采食的情况下移动4.2km（胡锦矗等，1985）。

四、野生大熊猫的攀爬、游荡、修饰、求适和嬉戏行为

大熊猫每天有1次以上的饮水、修饰、搔痒、抓树、游荡、留气味和玩耍等行为，但总时间不超过1h。大熊猫性喜独居，好游荡，会泅水 （胡锦矗，2012）；偶尔也会在墙上、石头或者树上摩擦自己颈部、肩部、背、大腿和臀部，也会用前爪或者后爪抓挠身体，用舌头、牙齿舔咬毛发或手掌，修饰时间一般大约10min（胡锦矗等，

1985）。3岁以前的幼年大熊猫爱嬉玩和爬木桩、石头或者树，在嬉戏中侧滚翻和翻筋斗是其最常见的动作，亚成体大熊猫偶尔也会在陡峭的雪面上反复滑行（胡锦矗等，1985）。

五、应用

为指导大熊猫饲养管理机构基于大熊猫生物学特性，安全、便捷、有效的开展大熊猫的丰容工作，从大熊猫生物学特性出发，介绍了相对成熟的部分食物丰容案例（食物种类、食物悬挂、食物隐藏、风车、冰块）和部分以食物为基础的认知丰容案例（益智投喂器）。

（一）食物种类

1. 意义

大熊猫出于应急、消遣或其他原因，偶尔也摄食除竹（笋）以外的水果、植物、动物以及动物尸体等物品。在圈养环境中，添加的各种水果蔬菜可以为其创造采食各种偶食性食物的条件，丰富其食物种类，调节膳食口味，补充微量元素，提供认识新事物的条件，打破圈养大熊猫认知的局限性。

2. 选材

（1）主要原材料及使用目的

利用南瓜、玉米、胡萝卜、猕猴桃、柠檬、苹果、圣女果、西瓜、橘子、窝头等制作各种成品，诱导大熊猫表达嗅闻和采食等行为。

食物种类丰容，首先要明确目标，做好计划，如是为了提高其他丰容物品的使用率还是为了应当地风俗、节日、动物生日等特殊时间节点；其次，根据计划和目标，发挥想象力和动手能力，制作成品；原材料的使用形式并不固定，可单独使用也可进行多次加工或多品种灵活组合，制成应时、应景、迎合目的的成品，如拼盘、龙舟、葫芦串等。

各种原材料及成品

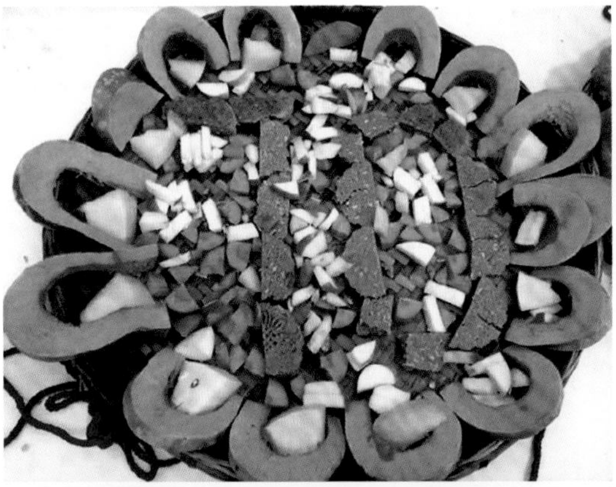

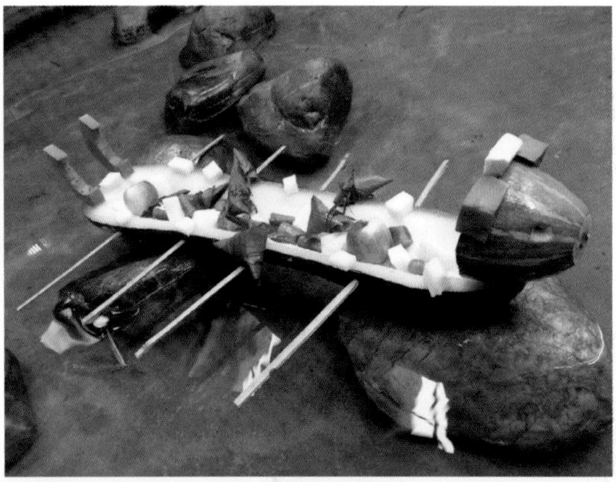

食物种类丰容相关物品设置完毕后，应适时观察大熊猫对它的反应；较为成功的丰容是大熊猫会主动地寻找、嗅闻、采食或者躲避提供的食物；而大熊猫对其不理不睬，或者大熊猫喜食的食物种类剩余过多，则是相对失败的丰容；下一次丰容时应总结经验进行完善。

诱导大熊猫表达嗅闻

（2）注意事项

为避免大熊猫食用水果和窝头后产生不适反应，水果和窝头应新鲜无腐烂变质，水果使用前应清洗干净，使用时应按照饲养管理要求和个体情况控制每次的用量，也可混杂少量大熊猫厌恶的食物，以供其挑选。

大熊猫采食

（二）食物悬挂

1．食物悬挂的共同意义

基于大熊猫对常规食物和偶食性食物的兴趣，通过在圈养大熊猫的生活环境中悬挂精料、水果和蔬菜等食物，可以改变将食物直接投喂给大熊猫的饲喂方式。在实际应用过程中，食物多点位、不同高度的悬挂，可以增加食物的分布位点和范围，丰富圈养大熊猫的生活环境；利用食物的色彩、气味和大熊猫对食物的兴趣,对圈养大熊猫的视觉、嗅觉和味觉进行全方位的刺激，可以提升其采食的趣味性，提高采食难度，延长采食时间，改变其活动行为和活动时间，而且可以诱导圈养大熊猫表达站立、半蹲、探究、嗅闻、攀爬、倒挂等多样化和特异性行为，也可以提高其站立次数和站立时间，锻炼其肢体力量和觅食能力，增加活动量。

2．食物悬挂的共同注意事项

为避免大熊猫食用水果和蔬菜后产生不适反应，水果和蔬菜应新鲜无腐烂变质，使用前应清洗干净，使用时应按照饲养管理要求和个体情况控制每次的用量，可混杂少量大熊猫厌恶的食物，以供其挑选。所有食物的悬挂高度应根据大熊猫站立高度而定（若悬挂太高大熊猫难以取食，大熊猫与之互动的兴趣则会降低；若悬挂太低，大熊猫容易取得食物，则难以达到锻炼的目的），以保证大熊猫既可触及和取得食物还能保持足够的兴趣。此外，食物应多点悬挂且控制每个点位的食物用量，以避免大熊猫长期停留在一个点位采食；同样，建议在悬挂食物的下方铺设垫料、草坪或木板，从而避免悬挂的食物掉落后被地面污物污染；若条件不能满足，食物也应悬挂在地面干燥、干净的位置。

3．存在的共同缺点

悬挂的食物容易被鸟类吃掉、昆虫污染，而大熊猫未采食的食物长时间放置也容易腐烂变质，因此，饲养员应及时清理。

4．实例

（1）实例（一）

利用楠竹筒或苦竹竿、麻绳悬挂苹果、窝头、胡萝卜、柠檬、南瓜等，诱导大熊猫表达采食相关行为。

利用楠竹筒或苦竹竿、麻绳悬挂苹果、窝头、胡萝卜、柠檬、南瓜等

→ 核心

食物悬挂丰容的核心有三点：一是食物种类，必须使用该大熊猫喜食的食物，而且每次只能获得极少部分，不能一次性吃够；二是大熊猫本身，该大熊猫有与之互动的意愿且能够与之互动，如在该个体身体欠佳的情况下进行，则很难有效果；三是悬挂高度，必须让大熊猫能够得到，但是又不能轻易够到。

→ 标准

只有大熊猫通过自己努力获得食物，才能表明这个食物悬挂丰容实施成功；大熊猫一开始就拒绝互动或者开始互动但通过各种方法都未得到食物而离开，都是失败的丰容。后一种情况，虽然锻炼了大熊猫，但容易导致其下一次消极互动，因此也归为失败丰容。

诱导大熊猫表达采食相关行为

（2）实例（二）

①原材料及使用目的

将胡萝卜、青萝卜、猕猴桃、苹果、玉米等水果蔬菜插在楠竹筒和麻绳制作的灯笼上，诱导大熊猫表达采食相关行为。

②总结

灯笼由苦竹竿（长30cm，直径4～5cm）和麻绳（直径1cm）集束而成，每次使用时，将偶食性食物插在灯笼两侧。灯笼的原材料为苦竹筒等纯天然无毒无害材料，不存在被误食引起不适的风险。此外，食物悬挂结合其他丰容物品开展复合式丰容，提高了丰容器材的使用效率。

插在楠竹筒和麻绳制作的灯笼

→ 核心

食物悬挂丰容要把握核心而不拘泥形式，可充分利用运动场现有条件如树木、栖架等，也可专门制作协助悬挂对器物如灯笼、风铃、置物架等，或者与其他丰容相结合，确保既能固定食物且让大熊猫嗅闻到即可。

诱导大熊猫表达采食相关行为

（3）实例（三）

①主要原材料以及使用目的

将苹果、窝头、蜂蜜等装入或涂抹在楠竹筒（楠竹片）上，诱导大熊猫采食。

②注意事项

为避免风铃器材被大熊猫破坏，风铃的原材料应使用相对结实、大熊猫不采食的楠竹或苦竹；楠竹或苦竹片在使用时应打磨圆钝，以免风铃的竹片划伤、刺伤大熊猫。

③总结

风铃有两类，一种是用麻绳（直径1cm）悬挂有隔断的楠竹筒（长30cm，直径15cm），另一种是用麻线悬挂楠竹片。风铃的原材料为楠竹筒和楠竹片等纯天然无毒无害材料，不存在被误食引起不适的风险。

→ 原料选择技巧

制作专门协助悬挂的器物时，尽量选择木头、竹子等原生材料；而使用竹子时，可选用大熊猫采食后剩下的苦竹或楠竹等，这样既能将丢弃的废竹循环利用，又不担心大熊猫重新大量采食之前不食用的竹子而破坏器物。

诱导大熊猫采食

（4）实例（四）

①主要原材料及使用目的

将南瓜、苹果、胡萝卜、窝头等食物插在楠竹杆和巴山木竹杆上，诱导大熊猫采食。

②注意事项

为防止器材倒塌，器材的安插孔应预留适宜的深度（深度50～100cm）；同时，穿插食物的竹签应圆钝为宜，以免竹签扎伤大熊猫。大熊猫具有极强的破坏力，极易破坏该器材，因此，它只适合于幼年和亚成年大熊猫。此外，大熊猫未采食的食物长时间放置也容易腐烂变质，饲养员应及时清理。

③总结

火树银花由楠竹茎（长4～5m，直径5～10cm）和巴山木竹茎（长10～30cm，直径0.5cm）组成，每次使用时，将食物插在巴山木竹茎上。火树银花的原材料为苦竹筒等纯天然无毒无害材料，不存在被误食引起不适的风险。在圈养条件下，幼年及亚成年大熊猫在群居生活期间互动频繁，偶尔也会出现斗殴打架等行为，在运动场中放置火树银花器具能有效地转移群居大熊猫的注意力，诱导其表达竞争等罕见的行为。

→ 使用技巧

亚成年大熊猫活泼好动，具有破坏力，有较强的探索欲望；尤其是群居的亚成年大熊猫相互间竞争明显，在进行悬挂丰容时可适当增加难度且提供的食物不能多，以有50%大熊猫能吃到为宜，如此可提高相互间的竞争行为。

诱导大熊猫表达竞争等罕见的行为

（5）实例（五）

①主要原材料及使用目的

用楠竹杆、苦竹杆编制器具，并将食物藏匿其中，诱导大熊猫觅食。

②注意事项

同（4）实例（四）。

用楠竹杆、苦竹杆编制器具

诱导大熊猫觅食

（三）食物隐藏

1．食物隐藏的共同意义

基于大熊猫对常规食物和偶食性食物的兴趣，通过将食物隐藏在圈养大熊猫生境中的器具或植被内，为大熊猫游荡、觅食创造条件，从而改变圈养大熊猫相对单一的食物投喂方式，以提升其采食的趣味性，提高采食的难度，延长采食的时间，有效改变大熊猫每日的活动时间和活动率，增加活动量。此外，通过食物隐藏诱导圈养大熊猫为获得食物而表达站立、半蹲、探究、嗅闻等多样化和特异性行为，锻炼其探寻食物和获得食物的能力，减少或杜绝圈养大熊猫在空闲时间内出现非期望行为。

2．食物隐藏的共同注意事项

为避免大熊猫食用水果和蔬菜后产生不适反应，水果和蔬菜应新鲜无腐烂变质，使用前应清洗干净，使用时应按照饲养管理要求和个体情况控制每次的用量，也可适当混杂少量大熊猫厌恶的食物，以供其挑选。此外，大熊猫未采食的食物长时间放置容易腐烂变质，每次丰容结束后，饲养员应及时清理大熊猫未找到的食物。

3．实例

（1）实例（一）

①主要原材料及使用目的

杉木金字塔由杉木（长50cm，直径10cm）和楠竹筒（长50cm，直径10cm）组成，在使用过程中，用两端圆钝的竹签串联食物块，全部或部分放入杉木金字塔的楠竹筒内，诱导大熊猫寻找、嗅闻和觅食。

②注意事项

食物隐藏于杉木金字塔后，为避免大熊猫在食物获取过程中受伤，用于连接杉木、楠竹筒的铁制品不得外露；杉木金字塔内用于投放食物的楠竹筒直径不宜过大，以防大熊猫在获取食物过程中肢体被卡住；同样，用于穿插窝窝头或苹果等物品的竹签端部不宜太尖锐，以免大熊猫在采食过程中被刺伤。

→ 核心

一是食物种类，必须使用该大熊猫喜食的食物，而且每次只能获得极少部分，不能一次性吃够；二是大熊猫本身，该大熊猫有与之互动的意愿且能够与之互动，如在该个体身体欠佳的情况下进行，则很难有效果；三是隐藏位置，隐藏食物时要

循序渐进逐渐诱导，少部分食物放置在明处，其余的相对隐蔽；而且隐藏位置要多变，不能长期在一个地方。

→ 丰容评判

只有大熊猫愿意寻找且把大多隐藏的食物找到，才能表明食物隐藏成功。若大熊猫拒绝寻找或大部分食物都未被寻找到，前者叫无效丰容，后者叫丰容失败。

→ 丰容形式

食物隐藏可以专门制作器具如杉木金字塔或购买器具如漏食玩具，定制的玩具在隐藏的同时可以适当增加食物获取的难度。如此大熊猫不仅需要寻找食物还需要想办法取得食物。

（2）实例（二）

①主要原材料及使用目的

将装有食物的漏食玩具用麻袋包裹，再藏入轮胎内，诱导大熊猫表达拉扯、撕咬和采食。

②注意事项

为避免圈养大熊猫误食漏食玩具，其材质必须无毒无害；轮胎和漏食器都是合成材料，虽无毒无害，但长期使用也有可能被破坏误食。此外，窝头、苹果等食物大小应适宜，以防玩具内食物无法漏出。

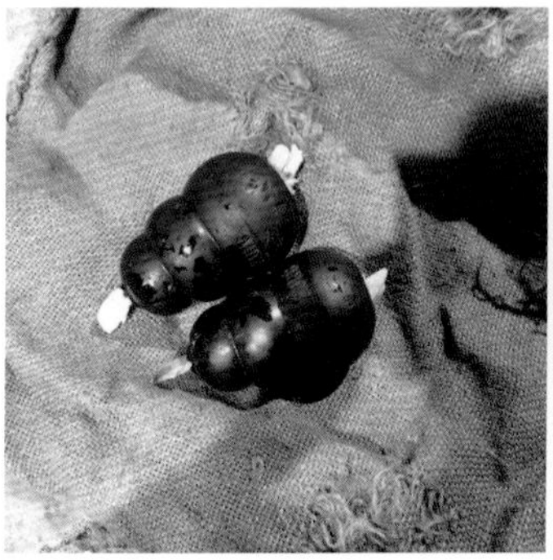

（3）实例（三）

①主要原材料及使用效果

将食物切丁后分散隐藏在圈养大熊猫生境内的草丛、叠石、灌木、栖架等点位以及部分简单的设施内，诱导大熊猫表达寻找等行为。

②注意事项

部分食物可能不能被大熊猫找到，而大熊猫未采食的食物长时间放置也容易腐烂变质，因此，每次丰容结束，饲养员应及时清理大熊猫未找到的食物；此外，食物随机分布在环境中容易被昆虫和鸟类污染。

→ 使用技巧

食物隐藏也可以充分利用运动场现有的条件，将食物隐藏在树木丛、草坪内、栖架上、假山处、水池周边等，充分利用运动场的每一个区域。

→ 使用技巧

每次使用这种方法实施隐藏丰容时，覆盖范围要足够大，不能仅局限在很小部分而且不定时更换场地，如此可避免大熊猫长期在一个小区域范围内活动。

诱导大熊猫表达寻找

（四）食物益智器

1．食物益智器的共同意义

食物益智器是基于大熊猫对常规食物和偶食性食物的兴趣，通过将窝头等精料和苹果等水果放置于益智器具内部，诱导大熊猫通过与食物益智器互动而获取食物，从而改变原有的投喂方式，并诱导其为获得食物益智器内的食物而表达各种多样化和特异性行为，达到增加采食难度、延长采食时间和锻炼其肢体力量以及解决问题的思考能力和操作能力等目的。

2．食物益智器的共同注意事项

为保证大熊猫可触及并能获取悬挂类益智器具内部的食物，该类器具悬挂高度应根据大熊猫站立或半站立高度而定，悬挂时下方应干燥清洁，最好铺设垫料、草坪或地排等，以免内部食物掉落后被地面污物污染。此外，悬挂类益智器应尽量少用绳索，即使使用也应固定好，绳索不宜过细、过粗、过多、过长，尤其是余留、分叉的绳索应札成一束，以免缠绕大熊猫；益智器具与悬挂绳之间建议使用强度适宜的快速扣连接，以便随时取下或更换。非悬挂类益智器也应使用麻绳绑定牢固，以防大熊猫将其推翻、推入水池或借助其攀爬围墙逃逸。

3．应用实例

（1）吊筐

①主要原材料

各式竹筐、麻袋、快速扣、麻绳等。

②注意事项

为方便绳索捆绑以及避免悬挂绳被大熊猫拉断，悬挂麻绳应粗细适宜（1cm）。悬挂的每个麻袋、竹筐内的食物数量不宜过多，以免大熊猫只守候一个点位而对其他竹筐、麻袋内的食物失去兴趣；此外，大熊猫破坏力强，竹筐、麻袋等器具容易被破坏，饲养员应及时更换。

③意义

在野外条件下，为了获取足量优质的食物，大熊猫会在不同季节和不同食物区域之间进行游荡或远足。然而，圈养大熊猫活动空间有限，食物品质好且容易获取，极大限制了大熊猫表达追寻食物、选择食物以及在不同食物区域间转移等自然行为。麻袋、竹筐等皆为安全无毒害的纯天然材料，在大熊猫采食竹笋的季节，将竹笋放入麻袋、竹筐等器具内并悬挂在大熊猫的室内外活动场，不仅能有效减少圈养大熊猫一边采食一边排泄对竹笋造成的污染，而且能增加其采食难度。此外，麻袋、竹筐等器具可以一次性多数量使用，而且易于分散和更换，便于灵活分布；加之，竹笋不定时、不定量、不定位的放入器具内，能有效激发圈养大熊猫表达游走、探索和觅食行为，更能减少因投食位点固定而产生的乞食行为。

→ 吊筐使用的核心

吊筐的核心是让大熊猫付出努力才能获得其中的食物，尤其是食笋季节，将吊筐和竹笋相结合。各种吊筐可单独使用，也可组合使用，但是都应该增加大熊猫的取食难度。图中的部分绳索并不规范，在实际操作过程中应严格执行注意事项内的对绳索要求。

→ 使用技巧

竹笋和吊框结合时，不仅应该尽量多分布几个点位而且每个点位的获取难度不同，添加竹笋时也应该选择性地装入部分框内，让大熊猫采食的同时多走动、多付出。

（2）漏食“绣球”

①主要原材料及构造

漏食“绣球”由竹筐（直径50cm）和网绳（绳索直径1cm）组成。使用时，将窝头、苹果等食物切丁后放入竹筐内并悬挂于适宜高度，当大熊猫拉扯或晃动该益智器具时，内部的精料从网孔掉落出来。

②注意事项

大熊猫具有极强的破坏力，极易破坏绳网而出现缠绕等异常情况，因此，为避免大熊猫破坏漏食“绣球”的绳网或被绳网缠绕，绳网不仅应绑定牢固而且每天还应仔细检查，及时排除器材存在的安全隐患。

③意义

利用大熊猫对漏食“绣球”内食物的兴趣以及漏食“绣球”在大幅度晃动过程中才偶尔漏出少量食物的特点，诱导圈养大熊猫与其互动而表达多样化和特异性行为。此外，食物藏匿于漏食“绣球”内，也能有效避免被鸟啄食和昆虫污染。

→ 难点

绳网的孔径是重点也是难点，孔径太多食物很快漏出，大熊猫采食后，不再与之互动；孔径太小，食物无法漏出，大熊猫互动后因沮丧而失去互动动力。因此，孔径设置应适中，既能够让其漏出，但又不能很快漏完。

→ 延长大熊猫互动时间的方法

一是食物方面，装入内部的食物大小混合；二是使用双重或者三重网，让每一层网互相遮挡孔径使孔径多样化。如此，大熊猫与之互动时，较小的食物先漏出，让其得到奖励，激励它取得较大的食物。

诱导圈养大熊猫与其互动

（3）转盘采食器

①主要原材料及构造

转盘采食器（图1）由2个竹筛（直径50cm）和1根竹管（直径2cm）组成。使用时，将窝头、苹果等食物切丁后放入竹筛内并悬挂于适宜高度，当大熊猫拉扯或转动（图2-5）该益智器具时，内部的食物从开口处掉落出来。

②注意事项

为避免窝头、苹果等食物无法漏出或过度漏出，转盘采食器边缘开口应适宜；转盘采食器材质强度有限，仅适用于幼年和亚成年大熊猫；转盘采食器多次使用后，竹筛间容易残留少量食物，饲养人员应及时清理和更换。

③意义

同（2）漏食“绣球”。

设置大小混合的食物也是延长亚成年大熊猫与之互动最有效的方法。此外，可在内部涂抹少量蜂蜜，虽然无法获得食物奖励，但亚成年大熊猫探索欲强，闻到蜂蜜气味后也会不断探索该器具。

→ 重点

开口的孔径是重点也是难点，孔径太多食物很快漏出；孔径太小，食物无法漏出。

（4）弹力竹筒取食器（专利号：ZL202022032147.2）

①主要原材料及构造

弹力竹筒取食器由楠竹筒（长40cm，直径12cm）、杉木（长30cm，直径10cm；长30cm，直径15cm）、强力弹簧、麻绳组成。其中，楠竹筒中空，内嵌一根长30cm、直径10cm且一端呈圆弧形的杉木，杉木圆弧形端与直径1cm的麻绳相连，另一端连接强力弹簧，强力弹簧的另一端和楠竹筒（长40cm，直径12cm）与杉木（长30cm，直径15cm且对半剖分）的平面部分相连，对半剖分的杉木背面再固定一根麻绳。使用弹力竹筒取食器时，将杉木圆弧形端的麻绳固定在较高位置，窝头、苹果等食物放入楠竹筒内，当大熊猫拉扯已剖分杉木下端的麻绳时，楠竹筒下移，窝头、苹果等食物露出楠竹筒。

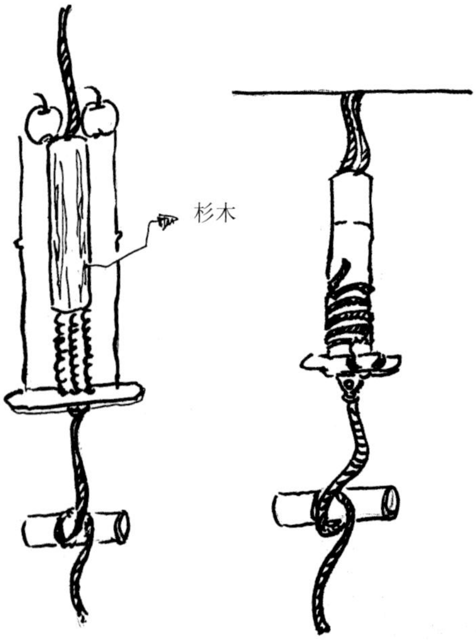

弹力竹筒取食器

→ 使用技巧

大熊猫一般取得食物后就结束与之互动，因而为延长互动时间要增加食物获得难度。一般方法是将食物固定在器具内部，或者将食物制成小块，或者增长楠竹筒。

②注意事项

为避免大熊猫被弹力竹筒取食器的麻绳缠绕，该益智器具用于拉伸的麻绳不宜过细（直径1cm）过长，以大熊猫半蹲后能抓住麻绳并拉扯为宜。在使用时，可在弹力竹筒取食器下方增添用于涂抹蜂蜜的竹片，以诱导大熊猫与该益智器具互动。此外，弹力竹筒取食器多次使用后，竹筒内部容易残留少量食物，饲养人员应及时清理。

取食器的难点是诱导大熊猫与之互动，一般可在把手涂抹蜂蜜诱导大熊猫探究。

大熊猫拉扯杉木下端的麻绳

（5）“打地鼠”投食器（专利号：ZL202022037999.0）

①主要原材料及构造

“打地鼠”投食器的原材料为木板、杉木、楠竹等，内部由支点、杠杆、把手和食物固定器组成；其中，支点以杉木为原材料，杠杆的原材料是适宜长度的楠

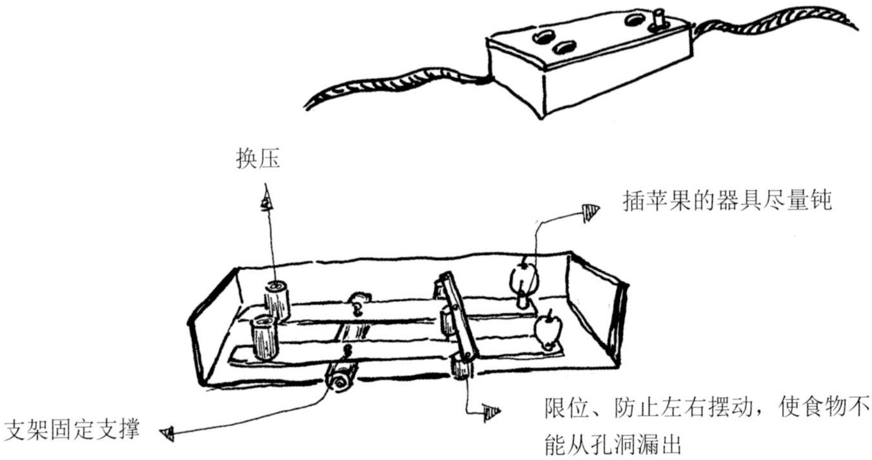

“打地鼠”投食器

竹，把手是固定在楠竹杠杆上的2个15cm杉木，食物固定器是固定在楠竹杠杆另一端的圆钝楠竹签。当大熊猫压下把手杉木时，圆钝楠竹签上的食物则露出益智器具内部。

投食器的难点也是诱导大熊猫与之互动，一般可在把手涂抹蜂蜜诱导大熊猫探究。此外，将器具固定牢靠。

→ 使用技巧

大熊猫取得食物后就结束与之互动，因而为延长互动时间要增加食物获得难度。可通过三种方法延长：一是固定好器具不让大熊猫掀翻；二是控制出食孔孔径，让大熊猫肢体无法升入直接获取；三是在按压端添加蜂蜜，诱导其按压。

大熊猫压下杉木把手

②注意事项

为避免大熊猫破坏“打地鼠”投食器而误食其原材料，该益智器具使用的木板原材料厚度应适宜（约2cm）且无毒无害。此外，益智器具应合理设置孔洞直径（约10cm），以免大熊猫的肢体伸入后无法取出；同时，内部穿插食物的竹签以圆钝为宜，以防扎伤大熊猫。特别注意，在实际使用时该益智器具需用麻绳固定且绳索不宜过细、过长、过多，余留部分应合理处置，以防大熊猫将其推翻、推入水池、借助其攀爬围墙逃逸或被绳索缠绕。“打地鼠”投食器木箱的材料之间使用铁钉连接，但大熊猫具有极强的破坏力，极易破坏木箱；因此，饲养员每天都应检查木箱和铁钉，以排除器材存在安全隐患。

大熊猫压下杉木把手

（五）其他丰容设施

1．风车

（1）意义

风车由4节竹筒组成。在圈养大熊猫的生活环境中添加风车，能丰富幼年大熊猫的生活环境，为其提供娱乐玩耍的设施，幼年大熊猫能通过触碰风车使其转动，激发其互动兴趣；在互动过程中，幼年大熊猫还能表达出站立、翻滚、啃咬、控制等多样性和特异性行为，全方面锻炼肢体。

（2）主要原材料

楠竹或苦竹筒、麻绳。

（3）注意事项

为避免幼年大熊猫无法触及风车，该器具的位置不宜太高。使用时，可在风车两侧悬挂的楠竹筒表面可以涂抹少量蜂蜜，以提高幼年大熊猫与其互动兴趣。

→ 使用技巧

幼年大熊猫活泼，好奇心重，但活跃时间有限，力量小，稳定性差。因此，风车转动要灵活，使用难度要低。

2. 冰块

（1）意义

大熊猫对环境的温度非常敏感，当环境温度大于26℃时，饲养员需采取引诱大熊猫至阴凉处或洗澡等降温措施；当环境温度更高时，饲养员则需将大熊猫收回室内活动场。在野外环境中，大熊猫也会直接躺在潮湿地上、雪上或冻结的地面上休息。在圈养大熊猫的生活环境中添加各式冰块能有效调节圈养大熊猫微环境的温湿度，为其营造凉快舒爽的微环境，而且还可以为它提供一种玩耍的器具。冰块与各种食物相结合后，利用大熊猫对食物的兴趣，不仅能提高圈养大熊猫与其互动的频率，而且还能增加其食物获取难度，延长采食时间。

（2）主要原材料

各式水果蔬菜，水，冻冰模具等。

（3）注意事项

制冰的水质应符合饮用水标准，水果和蔬菜应新鲜无腐烂变质，使用前应清洗干净，使用时应按照饲养管理要求和个体情况控制每次的用量，可混杂部分大熊猫厌恶的食物，以供其挑选。

冰块与各种食物相结合

冰块来源灵活，可以用模具冻制，也可采购；大小和形状不限；种类多样，可纯冰块，也可与食物结合制成冰制品。

冰制品应结合丰容计划和目标如节日、生日等，采用模具使冰、食物等样式多样化，但是所选食物不会被冻坏。

利用大熊猫对食物的兴趣
提高圈养大熊猫与其互动的频率

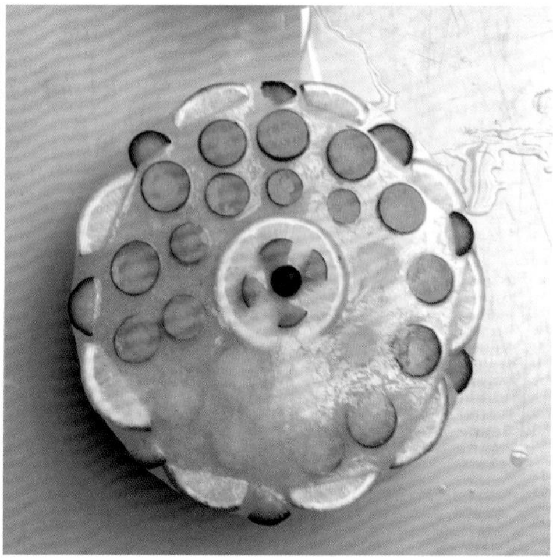

→使用技巧

冰制品所选用的食物种类多样，但应包含喜食、中性和拒食三类食物，这三个类别的食物含量分布遵循少量、占主要以及少量的原则。喜食的食物诱导大熊猫互动，拒食和中性的食物防止大熊猫采食过量。

第三章

大熊猫的感知及伴生动物

大熊猫依靠视觉、听觉、嗅觉、触觉等接收物种内和物种间的各种视觉信号、声音信号以及化学信号，从而实现视觉、听觉、化学和触觉交流，完成信息的共享和传递（刘国琪等，2005；罗永等，2014）。普遍认为大熊猫的视力差，嗅觉发达。在野外条件下，除了处在繁殖和育幼季的大熊猫会在种群内进行接触和视觉交流，其余时间的大熊猫都独居于各山系的阔叶林、针阔混交林、亚高山针叶林。大熊猫一般情况下通过探究环境中的尿液、粪便以及肛腺分泌物（胡桃，2008）等化学信号定位和寻找配偶、觅食、互动、评估潜在竞争者（Chorn J et al.，1978）以及分辨出捕食者与非捕食者；但是，也会利用声音的传播距离远、传递速度快、不留痕迹、在视觉信号被遮蔽时（如夜晚或丛林深处）能有效传递信息的特点，进行识别（包括个体识别、物种识别、种群识别及社会等级识别）、繁殖、报警等（罗永，2015）。因此，大熊猫在交配季节普遍混合或交替使用化学信号和声音信号进行相互交流（徐蒙等，2011）。

一、大熊猫的视觉

大熊猫的视网膜在出生后64小时仅有视泡腔，玻璃体内还有发达的血管，而神经层也只分化成了神经层和纤维区；出生后35天，视网膜层次和细胞层次增多，神经层增厚，但玻璃体中仍有血管，内核层、内网层及视锥视杆层没有分化（杨贵波等，1999）；出生后90天，大熊猫开始有视觉，可以看到眼球的虹膜，并能转动眼球（胡锦矗，2001）。成年大熊猫视网膜具有完整的色素层、视锥视杆层、外界膜、外核层、外网层、内核层、内网层、节细胞层、神经纤维层和内界膜（北京动物园，1986）。成年大熊猫能在距离目标50cm的情况下，区分0.46mm宽的黑白相间条纹(林晓娜等，2018)，因此，大熊猫不同于其他夜行性动物而是一个具有较发达视觉的昼夜兼行性动物（Kelling A S et al.，006）。而且亚成年大熊猫能在圆形、三角形和正方形图案中识别出圆形图案，在夹角、朝向和形状不同的熊猫眼中识别出目标对象（Dungl E et al.，2008）。此外，大熊猫是二原视者，成年大熊猫能区别绿色和红色，雌性大熊猫还能区别蓝色（Kelling A S et al.，2006）。

二、大熊猫的嗅觉

（一）大熊猫在物种内的嗅觉交流行为

动物的嗅觉通路有主嗅觉系统和犁鼻器，主嗅觉系统是挥发性的小分子化学信号的主要接收器；犁鼻器不仅是非挥发性物质的接收器，还是接收种内信息素（有关繁殖、进攻、防御）的特殊器官（Greer C，1991）。气味分子通过特异结合嗅神经元表面的G蛋白偶联受体OR蛋白，使细胞膜产生第二信使，启动级联酶促反应，从而开启嗅觉识别通路（Sicard et al.，1984），因此，嗅觉能力取决于OR基因的数量和序列多样性（简佐义等，2016）。

大熊猫识别环境中花香、木香、柠檬味、甜味、脂肪味以及部分刺激性气味的OR基因数量庞大（1048个）、序列多样，因此大熊猫具有强大的嗅觉能力。大熊猫对木香的强大识别能力，可能与它们的食性有关（简佐义等，2016），这种识别能力有助于其对食物的判断、寻觅和选择等（汤纯香，1992；胡锦矗，1995）。

大熊猫物种之内的交流主要通过将肛周腺分泌物或尿液涂抹在乔木的树皮上形成嗅味树（刘国琪等，2005）来传递个体身份特征（Zhang et al.，2008）、亲缘关系（Liu D Z et al.，2008）、性别（Yuan et al.，2004；Zhang et al.，2008）、年龄（Yuan et al.，2004）、繁殖状态以及性活跃能力（Swaisgood et al.，1999；Liu et al.，2006；聂永刚，2012）等信息。其中，肛周腺分泌物可能与雄性个体间的竞争和社会地位的维持（White et al.，2002）有关，由于化学交流在大熊猫的竞争和躲避中具有重要作用，因而大熊猫在穿越其他个体的领地时，通常通过环境中的粪便、尿液以及标记中的化学物质与社群中的其他成员完成信息交流。

大熊猫在物种之内的信息交流过程中，通常会花费更多的时间探究标记位置更高的气味，而且亚成年大熊猫也会尽可能避免经过气味标记位置更高的区域（White et al.，2002）。此外，雌性大熊猫的尿液能增加成年雄性大熊猫的嗅闻和舔食行为（田红等，2007）。

（二）大熊猫物种间的嗅觉交流行为

虽然草食动物与肉食动物尿液中都含有烷烃、脂类、酸类、酚类、醇等化合物，但是草食动物的尿液通常带有非常强烈的草本植物气味，而大型猫科和犬科等肉食动物的尿液则具有大量含硫的刺激性气味（Damme R V et al.，1996）。

大熊猫的天敌及伴生动物的尿液挥发性物质成分中的含硫化合物$C_{24}H_{50}S_2$是引发大熊猫产生恐惧等反应的有效物质。大熊猫（老、弱、病、残、幼）的天敌主要是肉食性动物，这些肉食性动物通常用含有物种、性别、年龄和身体条件等重要信息的气味信号（尿液、粪便和肛囊及指间腺分泌物）标记自己的领地（Gorman M L et al.，1989）。然而，野生成年大熊猫个体较大，有较强的反捕食能力（杜一平等，2012），而且嗅觉灵敏，能利用气味进行种内和种间通信以及评估环境（Gorman M L et al.，1989；于黎等，2006）。因此，健壮大熊猫暴露于捕食者的尿液中后，倾向于花更多的时间探究分析此气味中所包含的信息，同时，为使气味分子更容易与犁鼻器中受体神经元结合而加深对气味源的分析，大熊猫通常会表现出食肉动物探究气味标记物（尿液、粪便和腺体分泌物等）的典型行为—弗雷曼行为（表现为嘴唇外翻、牙齿暴露在外或嗅闻时嘴部完全张开）并出现躲避行为。然而，如果连续提供同一个体的肛周腺分泌物给同一大熊猫，其嗅闻行为会随对气味信号的熟悉而下降。因此，大熊猫不仅能识别捕食者的气味，还能分辨出捕食者气味上的差异，判断出该物种是否具有危险，并在行为上体现出来。此外，雄性比雌性个体会花更多的时间嗅闻天敌及伴生动物的尿液挥发性物质成分中的含硫化合物 $C_{24}H_{50}S_2$（刘海彬，2015）。

三、大熊猫的听觉

（一）大熊猫的声音特征

大熊猫的叫声为先天行为（罗永，2015），幼仔自出生后便与母兽通过声音、气味和触觉建立联系（周晓等，2013）。在母兽抚育前期，幼仔的叫声更是表达自身需求的有效而重要的渠道（Kleiman et al.，1983；Schaller et al.，1985；Dunbrack R L et al.，1986）。虽然，初生大熊猫的叫声相对单调，只有吱吱（咯咯）叫、尖叫和咕咕（呱呱）叫，但也具备表达不同感情色彩的潜能（Stoeger et al.，2012）。吱吱（咯咯）叫的声音较为粗粝，是一种较为兴奋的叫声；尖叫能表达出个体的兴奋性；咕咕叫显得个体相对平静。在幼仔抚育过程中，人工对幼仔的肛周刺激时，幼仔多发咕咕叫声，而幼仔自发兴奋或高刺激的喂食和排便后，多发出吱吱声或尖叫声（Stoeger et al.，2012）。

成年大熊猫是独居动物，其个体间的交流多发生在求偶期间，在求偶或社群内个体间发生关系时，会发出嗷叫、嗥叫、单嗥、吼叫、吠叫、强吠、噉叫、哼叫、尖叫、嘶叫、低嗷、咩叫、喘气声等声音，主要表达受威胁、临危防范、领域性、求偶、繁殖、发情和抚幼等意义。嗷叫是一类攻击防卫信号，作用距离远，常为雄兽表示领域性、争偶或防范攻击的意向；单嗥、嗥叫是一类社群交往的信号，雄兽常爬在树上嗥叫寻偶，而雌兽少有即使偶然叫后也常转为低嗥，主要表示领域性、寻偶诱偶或者两者兼有的意向；吼叫是攻击的信号，也是直接进攻的前兆，常出现在对峙、扑咬和厮斗前；吠叫是一类表示威胁、警觉、抗拒、对峙、咬斗、告示位置、防范警告的信号，作用距离较近，含单声的数量取决遭遇其他个体的接触时间及状态，繁殖期常发生于两兽对峙尤其是两雄争雌时，常转而强化为尖叫；强吠也是一类表示威胁的信号，作用距离近，常表示受到较为强烈的外界刺激或威胁，或开始厮斗；嗷叫声似从鼻腔中挤出，是一类社群交往的信号，发声的两兽十分接近时，表示不愿意或轻度的威胁厌烦，一般不会发生冲突；哼叫是一类繁殖发情的信号，作用距离近，常在两兽嬉戏或嬉戏前、幼仔寻母时发出；尖叫是一类临危防范的信号，作用距离近，一般发生在受到强烈刺激后退去、害怕和厌恶时；嘶叫表示临危防范的信号，作用距离近，主要发生在嘶斗败退、受伤害怕恐惧时，表示极度的惊恐惧怕或受到威慑；低嗷与嗷叫相似表示繁殖发情的信号，作用距离近，常发生在繁殖、发情求偶和不愿意时；喘气声常发生在激烈活动后，通常在活动或受惊后逃跑，无其他单独的特定行为意义；咩叫有寻偶、求婚、允配、交配等多种行为意义，是发情开始到交配后1～2周内大熊猫最频繁的叫声。此外，大熊猫的叫声，随个体的情绪、行为以及外界刺激而变化，嗷叫可转为吼叫、低嗷，低嗷不仅可以转为吠叫、吼叫还可以变为哼叫、咩叫，咩叫也转为哼叫，尖叫之间有吼叫而后转为吠叫、嗷叫等（朱靖等，1987）。

（二）大熊猫物种内的声音交流行为

声音信号能有效地传递大熊猫的激素水平、性别、年龄（Charlton et al.，2009a）、体型、身体素质（Charlton et al.，2010a）、生理状态、受孕时机（Charlton et al.，2010b）等信息。雌性大熊猫能够通过咩叫在无法看到雄性个体的前提下，选择个体块头大、身体素质优良的潜在性伴侣（Charlton et al.，2009b）以确保后代性状优良（Charlton et al.，2010a）。在野外竹林环境中，大熊猫能在20m的距离内通过声音识别同物种的身份，雄性大熊猫能够通过咩叫区分熟悉和不熟悉的竞争对手而选择正确的应对行为（逃避、相遇或争斗）（Charlton et al.，2018），从而避免不必要的争斗。此外，雄性大熊猫对高共振峰的声信号更加敏感，而雌性大熊猫则相反（Charlton et al.，2010a）。

（三）大熊猫对其他物种声音和异常声音的反应

大熊猫雌雄个体对伴生动物声音都具有先天的识别能力，而且警觉天敌动物的声音；虽然也能通过声音区分不同的竞食动物，但却对竞食动物的声音反应迟钝

（罗永，2015）。

在高频噪音环境中，雄性大熊猫通常会表达出躲避和寻求庇护地的行为；雌性大熊猫虽然焦躁但却逗留在邻近噪音源的围栏旁边（Powell et al.，2006）。声音大而频率低的噪音会影响动物行为，慢而振幅大的噪音则会提高动物糖皮质激素水平，尤其是在发情和哺乳期间，雌性个体对大而尖的噪音非常敏感（Owen et al.，2010）。

四、大熊猫的味觉

味觉是动物最原始、最基本的生理感觉之一，一般认为动物都能识别酸、甜、苦、咸、鲜5种基本味道。味蕾是哺乳动物味觉的主要感觉器，主要分布在舌、上颚和咽部黏膜处，味质作用于味蕾的亮细胞（Ⅱ型细胞）后，经过细胞编码逐级将味觉信号传递至大脑，经过其综合分析后产生味觉感知（王腾浩等，2008）。

大熊猫舌根部的轮廓乳头周围分布着为数不多的味蕾，乳头沟底部也有丰富的黏液性和混合性腺泡以及浆液性的味腺，近舌根部两侧基部上皮中有少量顶端有味孔的卵圆形味蕾（北京动物园等，1986）。相比于食肉性动物，大熊猫拥有更多的苦味感受器，而且大熊猫味觉基因对苦味尤其敏感（Hu X X et al.，2020）。

五、大熊猫的伴生动物

大熊猫的伴生动物是指与野生大熊猫同域分布并与大熊猫在食物、栖息环境、水源地、隐蔽条件等资源利用方面有时间或者空间上的互相作用或互相影响的动物（胡锦矗等，2007），如斑羚、鬣羚、羚牛、苏门羚、牦牛、毛冠鹿、林麝、水鹿、小麂、小熊猫、野猪、豪猪、猪獾、果子狸、青鼬、豹猫、云豹、金猫、黄喉貂、马熊、黑熊、白腹锦鸡、红腹角雉、红腹锦鸡、血雉、金鸡、藏酋猴、金丝猴、岩松鼠、鼠兔、花鼠和竹鼠等（胡锦矗，1981；胡锦矗等，2007；张洪峰等，2011；宁智刚等，2012；黄尤优等，2014）。其中，青鼬、云豹、金猫、豹猫对幼年或亚成年大熊猫可构成潜在威胁，但对成年大熊猫不构成威胁；小熊猫、竹鼠、野猪和豪猪虽与大熊猫在食物资源上有竞争，但对成竹或竹笋的利用方式、利用部位等不同；有蹄类如鬣羚、毛冠鹿、野猪、斑羚、林麝、牦牛等不同程度地利用竹子或竹笋，在食物资源上与大熊猫产生竞争，特别是当野猪数量较多时对竹林的破坏较大；金丝猴、白腹锦鸡、红腹角雉、红腹锦鸡、血雉、金鸡等仅与大熊猫同域分布，不竞争，仅在水源或者隐蔽条件的利用上与大熊猫有一定重叠（胡锦矗，1981；胡锦矗等，2007；张洪峰等，2011）。

六、应用

虽然大熊猫的嗅觉、视觉、听觉、味觉等感知方面有众多研究，但除通过食物（气味、颜色等）直接刺激大熊猫外，利用伴生动物声音、食物提取物和非大熊猫食用物品开展丰容的项目却相对较少，因此，该类丰容尚在探索性阶段。为给大熊猫饲养管理机构的饲养管理人员提供一个有益的探索方向，引导大熊猫饲养管理人员基于大熊猫的感知以及伴生动物开展更深、更广的探索和创新，丰富感知类丰容项目，现介绍部分尚属探索性的不涉及食物的感知丰容案例（酸、苦、辣、香臭刺激性气味、同物种气味、伴生动物的声音）和部分尚属探索性的以食物为基础的感知丰容案例（食物提取物）。

（一）酸、苦、辣和香臭刺激性气味

1．共同的意义

大熊猫具有发达的嗅觉能力，它们不仅能依靠嗅觉寻找和分辨食物，而且在发情季节还能通过嗅觉分辨发情对象的社会地位、繁殖状态、身份年龄等个体信息。此外，大熊猫舌头上轮廓乳周边分布有味蕾，环沟底部有黏液性和混合性腺泡以及浆液性的味腺；因此，大熊猫具有发挥味觉能力的器官基础。在圈养大熊猫的生活环境中偶尔添加酸性物质、苦味物质、辛辣物质、香味物质、臭味物质以及刺激性物质，可以丰富相对单调缺少新颖刺激的圈养环境，为其提供另类的嗅觉和味觉体验，激发大熊猫对新奇物质的探索兴趣，诱导其表达探索、嗅闻、舔舐、标记和玩耍等多样化和特异性行为，增加其探索时间，调整圈养大熊猫每日的活动率。

2．共同的注意事项

原材料都应无腐烂变质且对大熊猫无毒无害，使用前清洗干净。为避免引起大熊猫的不良反应，首次使用时浓度应较低，此后再根据大熊猫的反应进行调整。

3．实例

（1）酸

①主要原材料及使用方式

将柠檬榨汁后，汁液涂抹在圈养大熊猫室内外活动场中的竹筐、麻袋、木桩、轮胎、栖架等各式各样物品的表面，诱导大熊猫表达嗅闻等行为。

②注意事项

圈养大熊猫对柠檬汁的反应有一定差异，部分个体对其十分厌恶，但有些个体却无任何反应。此外，柠檬汁浓度、柠檬汁使用时间、柠檬汁使用频率等也会影响柠檬汁的使用效果，尤其是长期使用柠檬汁，大熊猫易对其脱敏而兴趣降低。

酸的来源不仅限于柠檬，也可采用其他酸味食物如山楂、食醋等，还可使用食用级的酸味剂，但都必须确保对大熊猫无毒无害。首次使用时，控制用量，观察大熊猫反应，若应激很大，则减少用量或者不使用。

→使用技巧

酸味物或者涂抹酸的制品使用时应充分考虑气候、使用地方以及分布区域。气候方面，天气太热时不宜使用，酸在高温下易挥发，导致丰容无效；室外大风也不宜使用，气味易被吹散，在室内运动场等风速可控、气温适宜的地方使用效果较佳；分布区域应尽量多，不局限于某一个或某些地方，在保证安全的前提下，尽可能利用运动场的每一个地方或物品，但每次又只选择其中部分位置，而且不定时更换。

（2）苦

①主要原材料及使用目的

将黄连泡水后，汁液涂抹在竹筐、麻袋、木桩、栖架等各式各样的物品表面，诱导大熊猫表达嗅闻、与之互动等行为。

②注意事项

黄连必须在保质期内，购买于正规药房，使用前清洗干净。影响黄连苦味效果的因素极多，如黄连浸泡时间、黄连汁浓度、黄连汁使用时间和大熊猫个体；而且长期使用黄连汁，大熊猫易对其脱敏而兴趣降低。圈养大熊猫对黄连汁的反应有一定差异，部分个体对其十分厌恶，但有些个体却无任何反应。厌恶黄连汁的个体在舔舐黄连汁后会出现干呕、躲避等行为，利用部分大熊猫对该类物质的这种厌恶反应，可用于预防和处理该类大熊猫互舔、过度舔舐等异常行为。

苦的来源也不仅限于黄连，也可采用其他苦味食物如苦瓜、蒲公英等榨汁，还可使用食用级的苦味剂；但都必须确保对大熊猫无毒无害。首次使用时，也要控制用量，观察大熊猫反应，若应激很大，则减少用量或者替换。

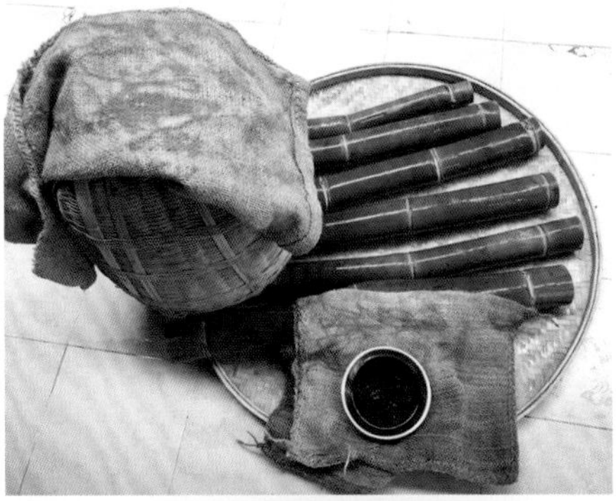

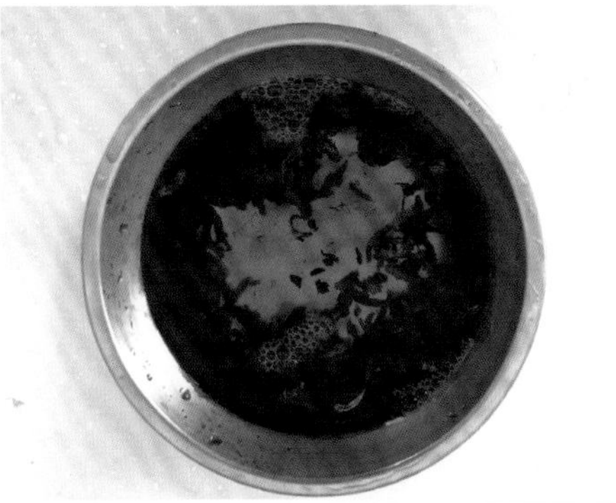

将汁液涂抹在各式各样的物品表面

→使用技巧

苦味物或者涂抹苦的制品使用时应充分考虑分布区域；尽量多点分布，不局限于某一个或些地方，在保证安全的前提下，尽可能利用运动场的每一个地方或物品，但每次又只选择其中部分位置，而且不定时更换。苦味物丰容不仅可以在室内运动场，还可以在室外运动场，结合运动场内的树木、栖架、草坪、假山等使用。

诱导大熊猫探索味道

（3）辣

①主要原材料及使用目的

为避免辣椒水沾粘在动物体表，辣椒水应涂抹在不易被大熊猫剐蹭但又能接触到的地方，如麻袋、木桩等物品表面，诱导大熊猫表达嗅闻、寻找等行为。

②注意事项

利用辣味物质对圈养大熊猫进行丰容尚在探索性阶段。因此，为避免引起大熊猫产生不良反应，饲养员在首次使用该物质时，辣椒汁浓度应较低。此外，长期使用辣椒汁，大熊猫可能会对其脱敏。

辣的来源主要是辣椒，偶尔也可以使用生姜或者食用级的辣味剂。使用方式可以是直接使用辣味物也可榨汁，首次使用时，也要控制用量，观察大熊猫反应，若应激很大，则减少用量或者替换。

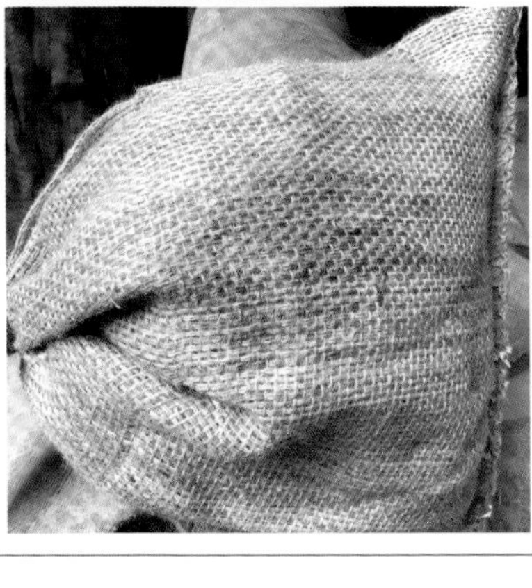

在麻袋表面涂抹辣椒水

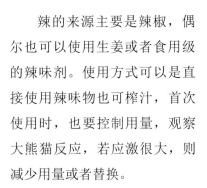

→使用技巧

辣味物或者涂抹辣椒水的制品使用方式与苦味丰容一样，不用考虑挥发性，因而使用范围更广，使用场景更多，使用技巧可参考苦味物质，但必须严格控制用量。

诱导大熊猫嗅闻、寻找气味源头

（4）香臭刺激性气味

①主要原材料及使用目的

在圈养大熊猫生活的环境中，多点隐藏洋葱、涂抹榴莲和放置鲜花，诱导大熊猫表达撕咬、涂抹、嗅闻、采食等行为。

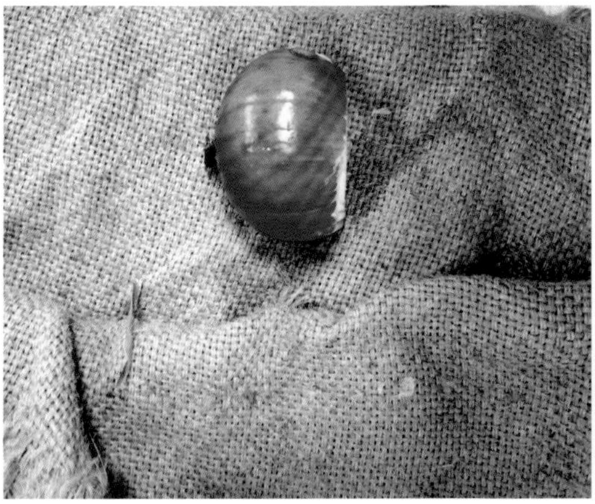

②注意事项

香、臭、刺激性物质对圈养大熊猫的丰容也处于探索性阶段。长期使用同一种气味，大熊猫易对其脱敏而不敏感、兴趣降低。此外，为避免引起大熊猫产生不良行为，饲养员在实际使用这些物品时，应根据大熊猫的反应随时调整。

香臭等刺激性气味的来源以自然界自然生长而非合成的材料为宜，尤其推荐人用食材。

→采用标准

不仅考虑大熊猫嗅闻，还要考虑大熊猫采食后会不会有不良反应，这是衡量是否使用该物的标准。

（二）同物种气味丰容

1．主要原材料

麻袋、麻绳，其他大熊猫个体的粪便等。

2．注意事项

为避免大熊猫粪便中携带的病原微生物导致其他个体交叉感染，其他大熊猫个体的粪便在进入目标个体环境前应经过严格消毒；可以将其分散装入小麻袋内，以尽可能减少大熊猫直接接触粪便的机会。此外，装有熊猫粪便的麻袋应多点、相对隐匿的放置，以提高大熊猫的探究行为；圈养大熊猫对同物种个体气味的反应有差异，部分个体探究时间长，但有些个体却无任何反应，而且长期使用同一个体的气味，大熊猫也易对其脱敏而降低兴趣；因此，使用同物种气味丰容时饲养员应使用较多个体的排泄物进行尝试，并且每个个体的排泄物不宜连续使用超过5次，连续使用时间不宜超过3天。

3．意义

在长期进化过程中，大熊猫形成了以肛周腺分泌物和尿液进行气味标记的通讯方式，它为建立领域、繁殖、育幼、维持社群关系发挥着重要作用。在野外环境中，大熊猫不仅可以自由接触到其他大熊猫个体的粪便和尿液，而且还能不断的探究其他大熊猫个体在嗅味树树干上留下的气味或物理标记，并通过其他大熊猫个体的排泄物或气味标记等识别个体身份信息而采取躲避、相遇或争斗等措施。但是，圈养大熊猫活动场之间互相隔离，大熊猫间进行气味交流的次数不仅有限（大熊猫在轮舍时才能实现气味交流）而且每只大熊猫能与之进行气味交流的大熊猫个体数量也相对有限。因而，通过合理的饲养管理调整（人为提供气味或大熊猫轮舍），让圈养大熊猫尽可能接触同物种其他个体的气味完成气味交流，有利于诱导圈养大熊猫表达探索、嗅闻、异常警觉、舔舐、标记等多样化和特异性行为；在众多饲养

管理方式中，不定期交换大熊猫的生活环境（轮舍）是最简便快捷和安全的一种方式；此外，利用其他大熊猫个体的排泄物（粪便为主）为目标个体营造同物种的气味环境也是一个可行的方案。

大熊猫对其他个体的反应因性别、年龄、生理状态等有所差异，雄性强势个体嗅闻后可能做标记，弱势个体可能会避让，也可能会探究；每个大熊猫的行为也有差异，部分大熊猫可能丝毫不受影响，也可能在有气味的地方打滚，还有可能大熊猫受到压制产生应激。因此，使用该丰容时，应多观察记录该大熊猫的反应，为以后使用提供参考。

同物种气味丰容最便利的方式是不定期更换兽舍，如果更换兽舍难度较大或者不宜更换兽舍，收集其他个体的排泄物也是一个有效的办法，利用其他个体时，必须确保被利用个体身体健康、无传染病，废弃物要严格消毒。

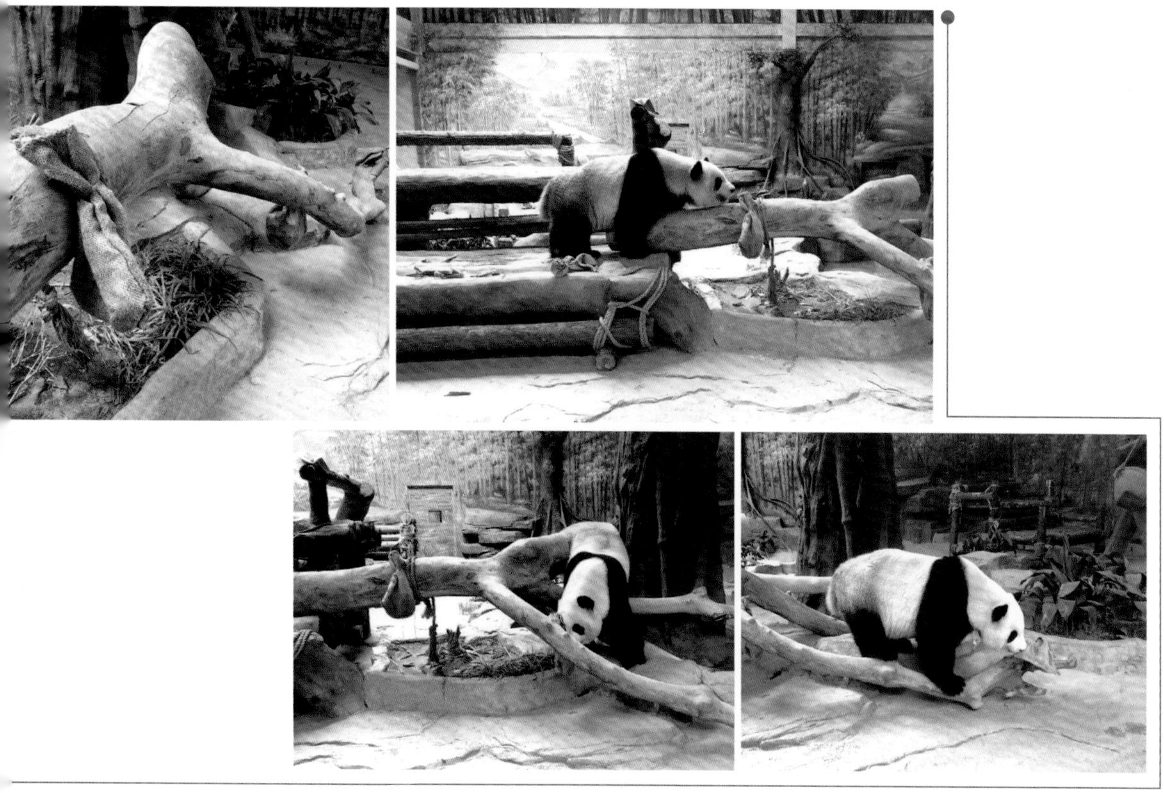

（三）伴生动物的声音

1．主要原材料

声音播放器，网络下载的金丝猴、狼、黑熊、红腹锦鸡等动物的声音。

2．注意事项

为避免大熊猫破坏声音播放器，该器材应隐藏或者放置在大熊猫无法触及的位置。此外，在使用前，应谨慎选择伴生动物的声音种类以及使用的频次，以免引起大熊猫过度刺激或脱敏；使用时，提前调节控制好声音播放器的音量，以免声音过大引起大熊猫产生不良反应。

3．意义

野外大熊猫与众多动物共同生活在同片森林中，它们之间有捕食、竞争、和谐共处等多种复杂关系，而声音是物种间以及物种内动物在短距离范围内一种便捷

高效的识别和交流手段。在野外竹林环境中，大熊猫能在20m范围内通过声音识别不同物种的身份从而采取躲避、相遇或争斗等手段；然而，圈养环境相对单一，各类伴生动物稀少，环境中的声音种类相对有限，通过在圈养大熊猫生活的环境中播放金丝猴、红腹锦鸡、黑熊等伴生动物的声音，能有效刺激和丰富圈养大熊猫的听觉，吸引大熊猫的注意力，诱导其表达警戒、探究等多样化和特异性行为。其中，圈养大熊猫在听见金丝猴、狼、黑熊、红腹锦鸡的声音时，不仅表现出张望和探索声源的行为，而且还试图挖掘出声源。因此，播放适宜的伴生动物的声音，能有效丰富圈养大熊猫的声音世界。

设备能远程遥控，播放出的声音不失真，有条件的地方可以在多个点位隐藏设备，每个设备内存储不同物种或同一物种不同年龄段的声音；在丰容时，可播放一种声音也可多种声音一起播放。

使用声音丰容的空间要足够大，尤其是给大熊猫足够的躲避、逃跑的空间；大熊猫听到声音后应激反应较大时要及时关闭声音。

（四）食物提取物

1．主要原材料

不同颜色和气味的水果和蔬菜如橙子（橙色）、南瓜（黄色）、菠菜（绿色）、甘蓝（紫色）、猕猴桃（绿色）、西瓜（红色）等。

2．注意事项

水果蔬菜应新鲜、干净、无毒无害、无腐烂变质，而且不会导致大熊猫产生不良反应，推荐使用大熊猫的偶食性食物作为原材料。大熊猫对冰制品的兴趣具有季节性，一般夏季兴趣比较大；若冰制品过小，容易融化，存放时间短，大熊猫玩耍时间有限；若冰制品较大，则制作时间较长。此外，大熊猫的色彩偏好具有个体差异，一般只食用其感兴趣颜色的冰制品。

3．制作步骤

首先，将水果和蔬菜制成汁液，然后将汁液用水稀释装入模具，再用冰箱冻成冰球或冰块等。

4. 意义

大熊猫是二原视者动物，（亚）成年大熊猫具有色彩辨识能力，能分辨绿色、红色和蓝色；此外，大熊猫嗅觉灵敏，主要依靠嗅觉寻找和分辨食物。在圈养大熊猫的生活环境中增添多种气味和色彩的冰制品，能有效地对其视觉和嗅觉产生新颖的刺激，诱导其表达嗅闻、探索、寻找等多样化和特异性行为，丰富其视觉和嗅觉体验，还能避免圈养大熊猫因采食过量食物而引起系列不良反应。

诱导大熊猫表达多样化和特异性行为

食物提取物的原料可以是所有能提取色素的材料，但主要以食物为主，材料必须对大熊猫无毒无害。

提取物制冰只是其中一种使用方法，也可以用之绘图或涂抹在器具表面等，与其他丰容形式相结合，更能发挥丰容效果。

第四章

展示大熊猫环境的丰容

展示圈养大熊猫兽舍环境的丰容的基本理念是根据野生大熊猫栖息和生活环境条件，尽量在人工条件下营造与自然栖息地相似的仿生环境，以避免因环境不适而产生应激反应和非期望行为。实施展示环境的丰容，一方面是为了让参观者具体而真实地了解到大熊猫是生活在一个什么样的环境当中，它周围的生态应该是什么样子，另一方面是为了让大熊猫能展示出丰富的自然行为，所以大熊猫的所有环境丰容都是基于其自然行为的展示和野生生境的模拟而展开的。

野生大熊猫一般生活在海拔1500～4000米的高山峡谷地带，植被茂盛，上部是高大乔木，下部是竹类，林下郁闭度在50%～70%（胡锦矗，1985）。在坡度选择上，野生大熊猫喜欢在坡度小于20°的平缓竹林觅食（特别是小于10°），不喜欢陡坡大于30° 的区域（魏辅文等，1999）。大熊猫惧酷热，怕大风，但不畏寒冷，习惯在气温10℃左右、湿度70%～80%的环境中生活；擅长爬树逃避危险，也能在水流湍急的区域涉水游泳（胡锦矗，2001）。

在圈养条件下怎样营造大熊猫的野生生境，如何展示大熊猫的自然行为，对环境的温度、湿度、光照、植被和设施等均有特殊的要求。因此在对圈养大熊猫兽舍进行环境丰容时，应着重场地处理（包含地形塑造、垫料、堆山叠石和水池构建）、植物构建和丰容设施构建三个方面。

一、圈养大熊猫室内外活动场的场地处理

（一）室内外活动场的场地地形塑造

1．地形塑造的意义

一方面从野生大熊猫习性考虑，大熊猫喜欢坡度较为平缓的林地；另一方面从自然景观视角出发，地形是景观构造的骨架，丰富的地形有利于体现景观层次，在一个有限的空间内更能体现出多样的景观层次，最大限度地模拟大熊猫的自然环境。

2．地形塑造的要点及方法

以3°～5°的缓坡地形为主，并营造丰富的“微地形”变化，塑造出活动场层次，弯曲、起伏的地形会让有限的空间显得更大，也会让景观层次更丰富。

3．地形塑造中应注意的问题

为便于大熊猫晒太阳，地形应注意要有阳坡和阴坡之分；同时，尽量减少背向参观者的坡向，避免展示面的死角；地面放坡时应注意雨水的最低汇集点不能是大熊猫饮水水池，以保证大熊猫饮水的安全。

室外运动场地形立面

室外运动场地形实物图

室内运动场地形实物图

（二）场地垫料

1．室外活动场垫料的做法

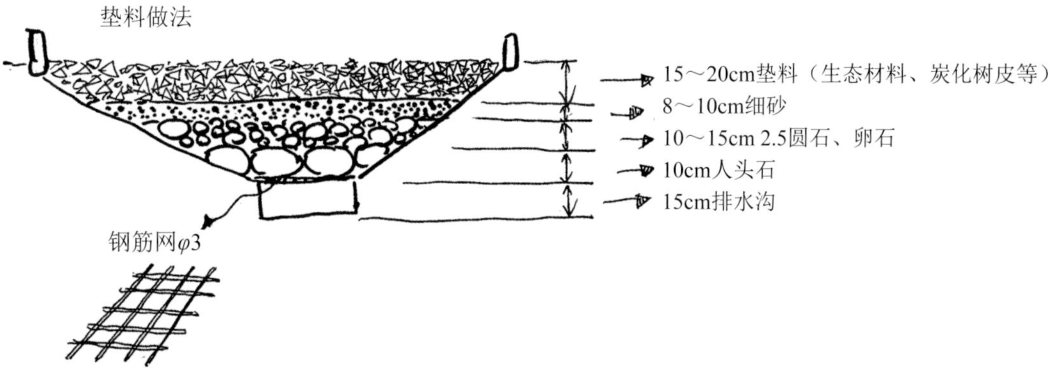

垫料图

室外运动场

室外运动场垫料实物图

2．活动场使用垫料应注意的问题

首先，垫料原料应因地制宜，尽量采用生态的、硬度高的、不易腐烂的材料，如一定规格（颗粒直径大于5cm）切碎的木块（苹果木、荔枝木等）和碳化树皮（松树皮等）；也可少量且短时间使用刨花（湿木头所制）等轻质价廉易更换的材料。特别地，垫料原材料必须安全，农药残留、重金属等必须达到可食用标准，以免圈养大熊猫受到生物源性、化学性和物理性伤害。其次，合理规划垫料的铺设区域，然后根据地形条件不围边或者利用木桩、石头等对目标区域进行围边以防铺设的垫料流失。垫料铺设前应在目标区域底部做好地下排水，以免垫料底部被积水浸泡而腐烂，也可定期更换已有垫料，以保持垫料的干燥。此外，垫料铺设厚度应大于30cm，以40～50cm最佳，为保证垫料厚度，在使用过程中还应定期补充。

垫料尽量与环境中其他事物相结合，而不是突兀的孤立存在，使用面积也不建议太大；其次，不选择低洼处，在坡度较大的区域铺设垫料时，适当对坡面分层，避免下滑堆积。

3. 垫料的意义

大熊猫在自然生境条件下是在柔软的地面进行觅食和活动，包括产仔、育幼等活动，而传统的动物活动场特别是室内活动场地面多为水泥砂浆地坪或硬质铺装地面；有些活动场使用草坪地面在动物的践踏和雨水的共同作用下容易发生露土或秃斑，影响大熊猫体表卫生和展示效果。

垫料不仅可以掩盖大熊猫室外活动场中无植被覆盖的裸土环境，也可以发挥其吸水和过滤的特点，让环境保持相对干燥，改善雨季裸土地面泥泞的状况，保证大熊猫的体表卫生。因此，垫料的引入不仅可以模拟大熊猫的原生态环境，还可以为动物创造更安全、更舒适的栖息环境。

4．垫料存在的问题

垫料的使用量较大，成本较高。因大熊猫踩压玩耍、饲养员清洁等，垫料颗粒会逐渐变细、变小直至成粉末，导致垫料层变薄，吸水和隔离作用减弱。此外，如果垫料层厚度不达标，饲养员在清理大熊猫废弃物时无法将其用垫料掩埋，反而会增加饲养员分离污物和垫料的工作量。

为大熊猫创造更安全、更舒适的栖息环境

（三）活动场堆山叠石及水池的构建

1. 构建堆山叠石及水池的意义

这也是与大熊猫的自然行为有关，我们对于大熊猫兽舍的设计一定是建立在大熊猫的自然行为之上。野外大熊猫喜爱活动在可以为其提供良好饮水条件的地域且野外栖息地范围内一定能找到适宜饮水的溪流，在圈养大熊猫的场地内营造自然的溪流、微型湖泊和堆石，不仅能为大熊猫提供流动且干净的饮水，还能改变活动场微环境的温湿度条件，更能贴近大熊猫的自然环境，为其提供嬉水、泡澡等条件。

为大熊猫提供嬉水、泡澡等条件设施

此外，大熊猫多活动在坳沟、山腹洼地、河谷阶地等地形复杂且隐蔽条件良好的区域，并喜欢登高而憩。堆山叠石不仅能为大熊猫营造地形复杂的野外生境，提高运动场的复杂度和空间利用率，也能为其提供睡觉、攀爬、嬉戏、瞭望、躲避、隐藏等多样化的平台和回避空间，间接增加大熊猫的活动量，锻炼其肢体力量，而且复杂的环境也更能激发大熊猫表达出更多的行为，提高对环境的适应能力。

水池的作用主要是为大熊猫提供降温、饮水（饮水池）等条件，在满足功能的基础上，可深化布局设计使之与环境协调。

为大熊猫提供嬉水、泡澡等条件设施

堆山叠石的主要作用是为大熊猫提供攀爬的条件并丰富环境，但环境中供大熊猫攀爬的条件较多。因此，在满足基本功能和安全的前提下，应深化布局使之与环境中的植被、栖架等条件协调。

2．要点及方法

在中国古典园林当中，堆山叠石理水是非常重要的三种手法，讲究的是“师法自然”，简要概括，即一要尽量模仿自然山石的造型，来进行堆山叠石和水池构建；二要结合整个场地的地形和兽舍的建筑主体来进行，处理高差过大的地形；三要做好自然过渡，尤其在水池构建过程中，做好水池和陆地的自然过渡，不产生生硬和突兀。

饮水口
剖面图
溢水孔
排水孔
30cm
沉渣井
①池顶到池底距离最深处不越过30cm
②池壁抹光，便于清洁
③留排水孔，管道不小于φ100，连接到沉渣井
④留溢水孔，水池为长流水，保持水位溢水

堆山叠石及水系设计图

3．应用中应注意的问题

大熊猫饮水池应与泡澡池分开，以保证饮水安全；同时，水池砌石不留大的缝隙，饮水池底尽量抹光，有3%的坡度,以便清洁。为避免山石不符合大熊猫自然生境特征且在场地内显得突兀不协调，山石在场地内的比例不宜过大过高；同样地，也应控制场地内山石的体量，以免堆山叠石对大熊猫脚掌造成不必要的摩擦而不利于大熊猫的健康。

4．溪流及水池

（1）主要原材料

砾石，水泥。

（2）注意事项

为避免幼年和亚成年大熊猫在溪流终端的泡澡池中溺水，幼年和亚成年大熊猫室内外活动场泡澡池（坡度3%～5%）的蓄水深度应低于35cm（溢水孔的最大高度），成年大熊猫室内外活动场泡澡池的蓄水深度应低于45cm（溢水孔的最大高度）；泡澡池排水孔直径应大于10cm为宜，排水管尽可能笔直、转弯少，以免大熊猫粪便和堆积的树叶堵塞排水管；此外，人造泡澡池应尽量自然、原生态，减少人工痕迹。若营造人工溪流，则人工溪流应尽可能仿造自然河流、溪流，但水深应低于30cm。为节约用水，建议在溪流进水和终端的泡澡池处设置自动控制进水器。

在溪流终端的泡澡池

室内运动场的水池应大小适中，地理位置上不宜处于低洼处，污水不能倒灌；布局上不宜占“C”位，不能挤占栖架的位置，尤其是不能太靠近参观面。

室外运动场面积较大，场景内其他物品丰富，地形也多样；可以根据运动场面积或形状等，设置多个水池，并以溪流连接，连接水池的溪流应尽量自然，与环境协调；也可与假山相结合。室外运动场水池设计样式较多，但都强调与周边事物相呼应而不是孤立存在。

5. 堆山叠石

（1）主要原材料

各式石头、水泥和钢筋等。

（2）注意事项

石头应光滑、无尖锐棱角且不规则，必须用水泥和钢筋（直径0.5cm）连接牢固；石头间的缝隙应极小使大熊猫肢体无法伸入，或极大便于大熊猫在其中自由穿梭；石头之间的孔洞应可以多方向自由出入；在保证安全的前提下，堆山叠石应减少人工痕迹，形式尽量多样化，充分契合周围环境。

堆山叠石

堆山叠石的样式无特别要求，但应考虑与环境中的其他事物协调；体量上要符合运动场的特点。

堆山叠石

二、圈养大熊猫室外活动场植物构建

（一）进行大熊猫活动场植物构建的意义

野生大熊猫的栖息地主要分布在岷山、邛崃山、凉山、大小相岭及秦岭山系，其一般生活在海拔1500～4000m的高山峡谷地带，那里植被茂盛，上部高大乔木，下部是竹类，林下郁闭度在50～75%（魏辅文等，1999；胡锦矗，2001）。圈养大熊猫的活动场需模仿大熊猫野生生境，参照野生栖息地的植被密度，以丰富的植被群落来构建大熊猫活动场的植物，从而使大熊猫能快速适应环境、融入环境。

活动场丰富的植被群落不仅能为大熊猫缓解游客带来的压力，而且也为其提供

居高、攀爬、玩耍、躲避危险、隐藏、探索的条件，增加大熊猫的活动量，锻炼大熊猫的肢体力量。野生大熊猫有扒树皮遗留视觉标记的行为，在活动场内提供一定的树木，可以促进圈养大熊猫表达这种行为。此外，大熊猫除了采食竹类外，偶尔也采食杉树等乔木树皮，大叶杨、柳等灌木以及野茅等草本植物，而运动场内的乔灌花草也能为圈养大熊猫提供部分偶食性食物。因此，植物的构建还能促进各年龄阶段的大熊猫表达更多的自然行为，保证其健康生长。

大熊猫采食各种植物

（二）如何构建一个植被景观层次丰富的活动场

圈养大熊猫的室外活动场标准为300㎡，根据分布区域的不同，如果要达到大熊猫野生生境的直观观感，活动场植物的郁闭度要达到50%～70%，现就如何在这么一个有限空间范围内构建一个高郁闭度并且植物群落丰富的室外活动场，模拟大熊猫栖息地的自然环境，做如下阐述：

1．植物构建的要点及方法

（1）适地适树

在现有大熊猫圈养地气候条件下，优先选择适合当地气候生长的乡土树种（乡土树种，即在本地区天然分布树种或者已引种多年且在当地一直表现良好的外来树种）。乡土树种有三大优势，一是这样的树种是环境自然选择的结果，对当地的自然条件适应性最强，具有很强的抗逆性，非常容易成林；二是乡土树种种源丰富，在当地非常容易获得，不需要从外地长距离运输和包装，造园成本低，并且进入活动场后存活率高；三是乡土树种因为适应当地自然条件，容易管理，在后期的场地植物管理上采取粗放式管理也不会轻易死亡，后期养护成本低。

（2）运用“乔、灌、草”模式合理搭配

所谓“乔、灌、草”组合配置是城市绿化的一种模式，就是以乔木为主，灌木填补林下空间，地面栽花种草的种植模式，垂直面上形成乔、灌、草空间互补和重叠的效果。在打造活动场绿化的时候也可以借助这种模式，来构建搭配出高郁闭度且景观层次丰富的大熊猫室外活动场。

“乔木是基础、群植以模拟自然状态、用冠荫统一场地；小乔木和灌木作为补充的低层保护、屏障和帘幕；地被（包括草坪及地被植物、藤蔓植物），护坡固土、裸土覆盖、保持动物皮毛的洁净”。

（3）以骨干树种、辅助树种、补充树种和地被植物的思路来选择植物

在300m²的运动场中如何运用植物才能短时间出效果而且最经济和合理呢？对于大面积的栽植，应选出1种骨干树种、3～5种辅助树种、若干补充树种以及地被植物。

骨干树种：应当是中等速生的或者是慢生的树种，而且无须太多管理就能长势良好的本土树种，即我们前面所述的乡土树种。这类树种往往早期生长较慢，但是树龄寿命长，而且树干比速生树种树干更致密，也就是说放在大熊猫活动场中更不容易被大熊猫破坏。

辅助树种：以速生树种为主，能尽快建植出场地的郁闭度和丰富度（速生树：指在相同时间和相对适宜的立地条件下，高生长与径生长相对较快，且成熟林期较早的树种），这类树种早期绿化效果好，容易成荫，但寿命较短，大部分在20-30年后就会衰老。

补充树种：以色叶树种、各种灌木、花灌木为主，一是丰富活动场乔木的中层空间，提升场地郁闭度，二是给大熊猫活动场景观和季相上的提升。林下空间的丰富，有利于大熊猫隐蔽自己，我们在展示大熊猫的过程中也需要保护动物的隐私。

地被植物：很多人会将地被植物理解为草坪，但是实际地被植物是指那些株丛密集、低矮，经简单管理即可用于代替草坪覆盖在地表并具有一定观赏性的植物。它不仅包括多年生低矮草本植物，还有一些适应性较强的低矮、匍匐型的藤本植物。在大熊猫活动场内多运用地被植物，一方面更为环保生态，另一方面也会降低养护成本。

因国内大熊猫所在的地理、气候条件等存在差异，为使本书推荐的植物等更具有代表性和实用性，参照已有的植被区域划分标准（北部暖温带落叶阔叶林区、南部暖温带落叶阔叶林区、北亚热带落叶常绿阔叶混交林区、中亚热带常绿落叶阔叶林区、南亚热带常绿阔叶林区、热带季雨林及雨林区和温带草原区）提供了部分区域的部分推荐性植物种类（详见附录）。

（4）植物品种该如何选择以及选择过程中应当避免的问题

选择耐性强的植物。栽植在大熊猫活动场中的树木容易遭到大熊猫的破坏，在以骨干树种、辅助树种、补充树种和地被植物的思路选择树种的前提下，应更侧重于选择耐病虫害、枝条韧性强、萌蘖性强的植物。树种耐病虫害会减少施药从而减少对大熊猫的影响，枝条韧性强的品种，枝条不容易被折断，萌蘖性强的品种遭到破坏后会迅速恢复。

选择一定比例的落叶树种。根据分布区域的光照气候条件，选择一定比例的落叶树种，以达到活动场既能夏季遮阴又能冬季阳光照射的要求。

选择低分枝点的高大乔木。大熊猫有爬树的特点，在人工圈养条件下，低分枝点的高大乔木，更有利于圈养大熊猫的管理。

避免使用有毒有害植物。有些植物会分泌一些有毒有害的物质，这类植物要避免在大熊猫活动场中使用，以西南地区为例，虽然夹竹桃是非常好的耐病虫害并且可以开花的灌丛，但是因为其花粉具有毒性，故不能使用；再如皂荚树，虽然是枝形优美的高大乔木，但是具有微毒性的皂荚落地会被大熊猫误食。

2．活动场植物的养护及动态调整

不修剪。这是一个非常重要的原则，如何让大熊猫活动场看起来更具有野趣、更生态，最核心的一个原则就是不修剪，这是动物活动场绿化和城市绿化最本质的区别。鉴于现在市场上能购买的苗木尤其是灌木一般都是整形好的，建议有条件的动物园可以购买一些价格便宜的苗球，假植于苗圃，做好水肥管护，不予修剪，活动场内有被破坏的灌木可以及时更换和调整，从而最大程度地降低人工痕迹。

不外运。对于活动场内死亡的乔木怎么处理？就地放倒，可以做堆木处理，也可以作为搭配栖架的下层做横向支撑，使栖架在视觉上更自然。

做加法。大熊猫活动场的树木每年都会有不同程度的破坏，我们要抓住各个区

域气候的植物生长的黄金期，进行植物补栽补植，以保证活动场的植物密度。

适当保护。由于大熊猫的攀爬对乔木损伤较大，可以选择部分树木进行保护，利用树干保护装置阻止大熊猫上树，视树木生长情况适当轮休，确保在满足大熊猫攀爬习性的同时保证乔木遮阴和景观功能的实现。

3．植物构建

栽植时应合理布局，尽量远离运动场边缘，避免乔木及粗大树枝发生断裂倒塌等协助大熊猫逃逸。

合理的栽植布局以防止大熊猫逃逸

三、圈养大熊猫室内外活动场丰容设施构建

（一）栖（爬）架

1. 搭建栖（爬）架的意义

在野外条件下，大熊猫有攀高而憩的习性。然而，在圈养条件下运动场内供大熊猫攀爬、瞭望的物理条件相对较少。因此，利用大熊猫活动场的立体空间和地形地势，为圈养大熊猫配备栖（爬）架，营造类似于野生生境中高地、平台、

为大熊猫睡觉创造有利条件

攀爬物、倒伏物等复杂条件，不仅能提高运动场的空间利用率和复杂度，而且还能为大熊猫表达睡觉、休憩、攀爬、玩耍、眺望、标记和探索等多样化行为和特异性行为创造更多的条件，增加其运动量，锻炼其肢体力量和攀爬能力；此外，爬架还能有效模拟大熊猫野生生境中倒伏树木、竹竿、粗大藤蔓等环境，丰富活动场的趣味性和自然性。

大多数大熊猫都喜欢在栖架上休息玩耍。

为大熊猫休憩创造有利条件

大熊猫多将爬架作为穿行的道路，但也有部分大熊猫喜在爬架上逗留、休息。

丰富大熊猫活动场的趣味性和自然性

用爬架将多个栖架或栖架与粗树干连接后，大熊猫更喜欢通过爬架在各点之间游荡穿行。这种栖架和爬架相结合的方式，实际应用更多，获得的效果更明显。

2．栖（爬）架的搭建形式

根据不同年龄段大熊猫的行为而搭建相应的形式。在圈养条件下，玩耍行为常见于1～3岁龄的大熊猫，幼年大熊猫的玩耍主要是探究环境的一种尝试，表现为攀爬物体和抓物，行为单一、幼稚；亚成年大熊猫主要表现为快跑、翻筋斗、爬栏倒挂等；成年大熊猫的玩耍行为则大大减少，以休息、摄食为主。

3．栖（爬）架的选材及搭建要点

栖（爬）架的选材应尽量选择木质结构紧密、结实耐用、自然形态的树木，在搭建的过程中应尽量避免搭建“桌形”栖架，以自然形态的树木作为骨架来进行搭建。

栖架的任何部位不应有尖锐突出，主体和周边搭配的木材都应使用抓钉或者螺栓固定连接，用于固定的抓钉和螺栓必须用麻绳包裹，爬架的梯阶横木间距应适宜，确保大熊猫能自由穿梭。

栖（爬）架的位置要与周围环境产生关系，而不能独立的存在。可以倚靠活动场内的地形地势、高大乔木，可以和垫料相结合，使整体契合而不显单独或突兀，切忌孤立存在。同时，也应充分考虑大熊猫的生物学特性、展示效果以及是否有安全隐患。

亚成年大熊猫栖（爬）架离地最高处不应超过3米，成年大熊猫栖（爬）架离地最高处不应超过5米，老年大熊猫栖（爬）架离地最高处不应超过1.5米；栖（爬）架下方地面周围不得有水泥或者过硬地排等硬质地面，应为垫料或搭配地被。此外，根据实际使用情况，建议每2～3年调整一次栖架形式，以丰富大熊猫的行为。

为避免幼崽出现安全事故，婴幼年大熊猫（0～1.5岁）栖架搭建的平台、梯步和支撑结合处不得留缝隙；亚成年大熊猫（1.5～5.5岁）活动量较大，喜爬栏倒

成年大熊猫栖架示意图

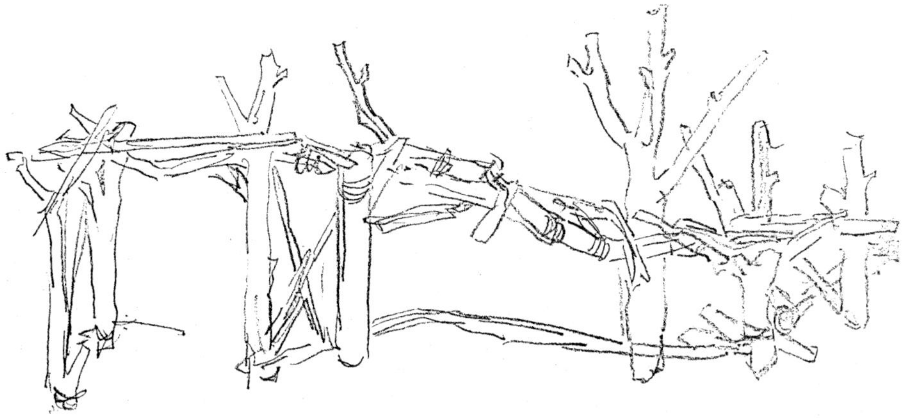

大熊猫爬架示意图

挂，可根据亚成年大熊猫的活动习惯搭建高低起伏、交叉错落、形式多样的栖（爬）架；成年大熊猫（5.5～20岁）活动量相对亚成年个体较少，在发情期间活动量会增大，可根据成年大熊猫活动习惯，多用不规则平台并结合梯步等栖（爬）架；老年大熊猫（20～27岁）活动较少，可多注重栖架的休息功能，可增设靠背，以供老年大熊猫休养，其中27岁以上的老年大熊猫不适宜使用栖架，可以设置睡板。栖架样式如图。

为大熊猫搭建的栖架

室内运动场面积有限且供大熊猫攀爬的设施较少，应控制栖架的体量，使之与室内活动场协调；室内运动场栖架使用率高，平台上易堆积大量粪便，应控制栖架高度便于饲养人员能安全攀爬打扫卫生，或调整平台空隙让粪便掉至地面。此外，栖架高度不宜太矮，太矮易造成大熊猫进去后出不来，也不便饲养员打扫栖架下面的粪便废竹。

室外运动场面积较大，虽然供大熊猫攀爬的条设施较多，但栖架仍是大熊猫利用率高的设施之一，除体量和高度外，应重点考虑与大环境的协调，尽量与环境内的树木等相结合，而栖架的样式可以多变。

为大熊猫搭建的爬架

爬架的延展性强于栖架，整体较长；主要用于连接多个平台或攀爬点，布局时强调高低起伏，多与栖架、树木结合使用。

为大熊猫搭建的爬架

爬架成品如图。

（二）堆木

1. 搭建堆木的意义

在野外条件下，大熊猫生活在乔灌花草、残枝落叶、藤蔓巨石等相结合的复杂环境中。木料重叠成堆能有效模拟野外断树残枝的生境，提高圈养大熊猫生境的复杂程度，为圈养大熊猫表达隐藏、攀爬、玩耍、登高、瞭望、标记、探索、觅食等多样性行为和特异性行为创造条件。

2. 堆木搭建的要点及注意事项

搭建堆木的材料尽可能选择分支较多的粗壮树木，树木之间保留适当空间以保证大熊猫自由穿梭。为丰富和复杂堆木样式，在保证安全的前提下，堆木应遵循原生态、多样性的原则，并与现有环境充分结合。堆木下方应铺设适量的垫料，以减轻雨水对木料的浸泡腐蚀；堆木安装位置也应尽可能远离活动场围墙，以避免大熊猫借助堆木逃逸；此外，堆木应使用麻绳包裹的抓钉将各原材料绑定牢固。堆木长期使用后会腐朽、开裂、铁件暴露，而安全性降低，因此，饲养员应不定期进行检查和维护。

堆木的原材料来源广泛，运动场内的树木修整下来的部分就是好的来源，这些部分经简单处理、布局、固定后就是一个很好的堆木，尤其是树根、树桩等。堆木的样式不固定，只要安全即可。

堆木只是运动场内众多供大熊猫攀爬利用的设施之一，为提高堆木的利用率，可将堆木与食物等相结合。

堆木成品使用展示

堆木成品使用展示

（三）洞穴

1. 洞穴的注意事项

为避免降雨导致洞穴内积水，洞穴尽量不安装在地表低洼和凹陷处。木制洞穴的木料应结实耐用且无尖锐分枝，在保证其结构稳定的同时减少安全隐患；木料间隙也应足够大以保证大熊猫能轻易穿过，或尽可能小以保证大熊猫肢体和头部不能伸入，以避免大熊猫被卡住，在群居的亚成年大熊猫的场地内使用时尤应特别注意；此外，连接木料的铁钉不可外露。岩石质量大，安装困难且安全性低，因此仿真岩洞宜使用质量较轻的人工假山石进行塑形。为提高洞穴的使用频率，可在洞穴内部大熊猫无法接触的部位加装降温设备。

洞穴的样式和布局应该充分考虑地形地貌，契合现有环境，而不突兀孤立；尤其是利用低矮灌木进行适当遮掩伪装。

在运动场构建洞穴

2. 构建洞穴的意义

在野外生境中，成年雌性大熊猫会寻找适合的洞穴（树洞或石洞）产仔，并在幼仔出生后12～25天时间全时段待在洞穴中哺育它们，随着幼仔年龄增加，母兽在洞穴内停留时间则从22～24小时降至4～6小时。大熊猫一般更喜欢使用入口小、内洞宽大、隐蔽性好、有一定坡度（15°～30°）、洞口离地有一定距离、洞口朝东南或南方、洞穴内部温度相对稳定的洞穴（潘文石等，2001）。在运动场构建洞穴不仅能模拟大熊猫野外生境中的树洞或岩洞条件，复杂圈养大熊猫的生境，还能为其提供躲避和攀爬的条件，效缓解游客带来的压力。

在运动场构建洞穴

为大熊猫提供躲避和攀爬的条件

（四）雪景、冰挂和雾森系统

1. 构建雪景、冰挂和雾森系统的意义

大熊猫惧酷热，但不畏寒冷，习惯在气温10℃左右、湿度70%～80%的环境中生活。根据大熊猫的这一生活习性及其栖息环境特点，利用自然降雪、冰挂和铺设人造雪模拟野外大熊猫栖息地冬季冰天雪地的环境，能改变圈养大熊猫微环境的温湿度，为圈养大熊猫提供新奇的刺激，诱导其表达探索、嬉戏等多样化和特异性行为。

诱导大熊猫表达探索、嬉戏等行为

诱导大熊猫表达探索、嬉戏等行为

诱导大熊猫表达探索、嬉戏等行为

大熊猫对环境的温度非常敏感，当环境温度大于26℃时，饲养员需采取引诱大熊猫至阴凉处或洗澡等降温措施，延长大熊猫在室外活动场运动的时间。在环境温度大于26℃但低于30℃时，构建雾森系统不仅能为圈养大熊猫营造野外栖息地雨后云雾缭绕的环境，而且还能改变运动场区域微环境的温湿度，延长大熊猫在运动场的展示时间，也能减少饲养员因大熊猫防暑降温而增加的工作量。此外，雾森系统通过增加空气的湿度也能降低环境中的悬浮颗粒而改善空气的质量。

2．构建雪景、冰挂和雾森系统的注意事项

（1）构建雪景和冰挂的注意事项

雪景：自然降雪具有季节性和地域性，一般只适用于冬季寒冷且雨雪较多的地区，而无自然降雪或者降雪少的地区，可使用人造雪。人造雪必须没有生物性、化学性、物理性污染物，而且铺设完成后应及时清除外包装，避免被大熊猫误食。在自然降雪天气时，饲养员应及时排查运动场内因降雪导致的树枝倒伏断裂、围墙高度不足、电网异常等安全隐患；若因自然降雪导致环境温度低于－10℃（臭水沟最低温度－12.5℃，秦岭高山寒温带平均气温－6℃），饲养员应及时收回大熊猫以避免其冻伤。

冰挂：一般仅限于我国冬季寒冷地区，在这些地区的冬季，用喷灌设备对室外活动场的灌木、乔木、地被植物、栖架、凉亭、假山等进行喷淋，喷水在室外低温的作用下形成冰挂。因此，制造冰挂的喷灌设备喷水范围要广，喷水时间要充足。此外，冰挂成型后运动场地面会结冰湿滑，容易导致饲养员和大熊猫摔倒，应确认无安全隐患后才能放动物进入室外活动场。

（2）构建雾森系统的注意事项

为避免水管被大熊猫或者施工破坏，雾森系统的水管可安置在大熊猫不可攀爬的高处或者埋置地面30cm以下；金属水嘴应隐藏在石头缝隙、地面或其他地方，但不能被大熊猫触及。

（五）插竹器

1．插竹器和竹（笋）插筒的意义

插竹器不仅能使竹（笋）呈自然的生长形态，保证其干净卫生，而且还能丰富运动场，诱导圈养大熊猫表达拖拽竹子、咬断竹子等自然采食行为；此外，插竹器能使竹（笋）多位点零散分布，改善原有集中投喂的饲喂方式，促使其移动、寻找、嗅闻食物，增加其活动时间，还可以避免圈养大熊猫长期在固定地点采食而出现乞食和等待行为。

诱导大熊猫表达采食行为

竹（笋）插筒（专利号：ZL 2018 2 1789159.6）不仅具有插竹器的优点，而且还具有独特的优势。竹筒为纯天然原材料，安全无毒副作用，质量轻、体积小，易于多数量集成使用；通过合理设置的竹节隔断与竹筒顶部开口间距能确保竹（笋）能够插入并直立；竹（笋）只有极小部分陷在竹筒内，便于大熊猫采食时把食物全部取出而无残留；插筒还能固定在树桩、假山或埋于地下等不同位置，增加食物的投放点，增加其采食难度；该插筒还能将竹笋和竹子混杂在一起，模仿竹笋和竹子共生的自然分布形态。

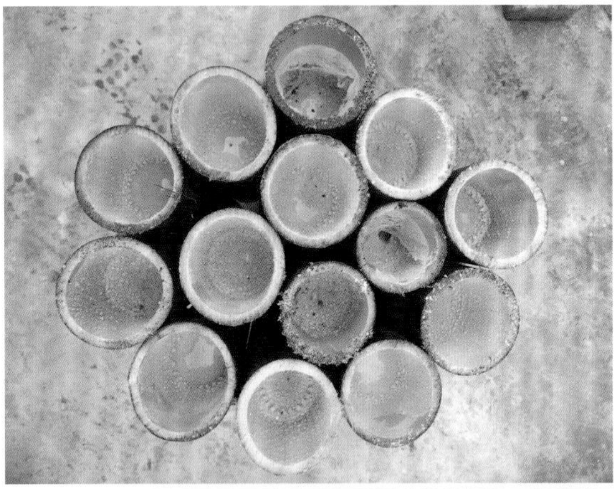

2．插竹器和竹（笋）插筒的注意事项

（1）插竹器的注意事项

为避免插竹器对圈养大熊猫造成伤害，插竹器的材料应质量好、结实耐用、无毒无害；在活动场内设置插竹器安置点时，应选择多个干燥不易积水的位点，以便分散投喂；所有插竹器均应固定牢靠，避免插竹器被大熊猫拔出或破坏；若插竹器为孔洞式，孔洞直径以10～15cm为宜，以避免大熊猫肢体被孔洞夹住。

（2）竹（笋）插筒的注意事项

竹筒的长度为20～30cm，直径为6～8cm，竹节隔断与竹筒顶部开口间距为5～9cm，竹筒隔断处应开凿多个小孔，以避免竹筒内积水。为确保原材料无毒无害，在绑定竹筒时应选用各种麻类植物（草本植物）纤维制作的麻绳（直径约1cm），禁止使用尼龙（化学名称聚酰胺）材料制成的尼龙绳。竹筒长期埋于地下易腐烂，使用后孔洞内也会残留部分竹叶、笋壳，因此，饲养员需定期清理。此外，竹筒的零散分布，也会降低饲养员食物添加速度，仅推荐饲养员充足地方使用。

（六）秋千

1．秋千的注意事项

为避免大熊猫在使用秋千过程中因木材或麻绳断裂而出现动物受伤，秋千的木材和麻绳应结实耐用，能承受大熊猫的体重。秋千离地高度应根据大熊猫的年龄、体型和站立高度调整，以便大熊猫与秋千互动。秋千的绳索（铁链）应尽量少用，即使使用时也不应选择过细、过粗、过多、过长的材料，并且应固定好。同时，余留、分叉的绳索（铁链）应使用楠竹筒包裹或用绳索缠绕在一起，以避免绳索（铁链）缠绕大熊猫。若采用支架承重，秋千的支架应固定牢固。

2．使用秋千的意义

秋千能利用和丰富圈养大熊猫的室内外运动场空间，改善室内外活动场单调、枯燥的环境，为大熊猫攀爬、嬉戏、站立等提供物理条件；秋千具有不稳定性和晃动性的特点，大熊猫长期使用秋千不仅能增加其运动量，而且能有效地锻炼其四肢力量、平衡能力以及应对非稳定情况的控制能力。此外，将秋千与食物丰容相结合而组成的复合丰容，还能提高大熊猫对秋千的使用频次，激发其表达打滚和站立在不稳定平台取食等比较罕见的行为。

为大熊猫攀爬、嬉戏、站立等提供物理条件

（七）软梯

1．使用软梯的意义

软梯是一种具有挑战性的新型攀爬娱乐设施，根据大熊猫不同的年龄阶段，设置多样化的软梯，为圈养大熊猫提供攀爬、玩耍、休息等可利用的物理条件。软梯在使用过程中，会根据受力情况而产生形变和摇晃，这种弹性形变可以提升大熊猫的使用难度，从而为其提供新鲜的刺激和挑战，增加其行为多样性，锻炼其平衡能力和肢体力量。

2．软梯的注意事项

为避免大熊猫在攀爬过程中软梯剧烈变形而过度摇晃或侧翻，软梯长度应适宜（不超过5米）且两端应固定。绳梯的梯阶间距应根据大熊猫年龄阶段设置：幼年大熊猫不宜过宽，以避免其无法攀爬；（亚）成年大熊猫的软梯阶梯推荐使用木制材料（推荐尺寸：长约50cm、直径5～10cm），阶梯间距确保其能自由穿梭，以避免肢体被卡住或缠绕发生危险。

利用软梯锻炼大熊猫的平衡能力和肢体力量

绳索应固定好，裸露部分不宜过细、过长、过多，多股绳索应缠绕或拧为一股使用。麻绳在使用过程中易磨损，饲养人员应及时检查软梯是否松动，绳索是否有断裂和腐朽，若有异常情况应及时更换或收紧。此外，攀爬软梯具有一定挑战性和难度，部分大熊猫互动兴趣低，应与其他丰容相结合以提高其利用率。

（八）吊床

1．使用吊床的意义

吊床材料多种多样，但大多数为纯天然材料且对大熊猫无毒害作用，吊床能丰富圈养大熊猫的室内外运动场环境，为幼年、亚成年和成年大熊猫提供攀爬、娱乐、互动、休憩的平台；吊床会根据受力情况而产生形变和摇晃，部分吊床一侧单线悬挂在与大熊猫互动时会侧翻，这种变化的环境能有效锻炼大熊猫的平衡能力，持续为其提供新的刺激，促使其表达更多的自然行为，增加活动量。

2．吊床的注意事项

为避免器材质量问题导致大熊猫摔落受伤，制作吊床时必须选择对大熊猫无毒无害且强度足以承受大熊猫重量的材料；如果采用集成制作的木质和竹质吊床，其木板或竹竿之间的间隔应尽量小，以避免大熊猫在使用时吊床发生形变而夹伤其肢体；而吊床的高度也应根据大熊猫站立高度和便于大熊猫攀爬的原则而定。此外，在绑定吊床时，尽量使用粗细适宜、纯天然原材料制作的麻绳绑定，禁止使用尼龙

（化学名称聚酰胺）材料，也可以使用强度足够的登山扣进行链接。绳索（铁链）在使用时应固定好，余留、分叉的部分也应合理处置或缠绕在一起。

竹质和木质吊床因风吹雨打和大熊猫啃咬容易损坏，每次使用前饲养员都应仔细排查其是否有安全隐患；麻袋吊床承重有限，一般适用于幼年和亚成年大熊猫；帆布吊床经水长期侵蚀容易损坏，而且易堆积粪便，增加饲养员的打扫难度。

（九）竹质屏障

1．构建竹质屏障的意义

竹质屏障能把植被少、单一而空旷的运动场分割成多个独立空间，增加运动场的空间复杂性，营造自然生态的视线障碍效果，改变圈养大熊猫固有的活动路线，延长其在活动场内的活动时间。此外，竹质屏障能利用有限的活动场空间，为圈养大熊猫提供更多的隐藏条件，充分满足圈养大熊猫的生理和心理需求，为其表达探究、躲避和隐藏等多样化行为创造条件。因此，竹质屏障更适宜于植被少、环境单调的运动场。

2．竹质屏障的注意事项

竹质屏障利用直径约5cm的竹竿，固定屏障的上下端；使用直径约1cm的带叶竹茎，形成视线差障碍；竹茎底部间距5～10cm。为避免大熊猫采食后引起不适，不可使用腐烂变质的竹子。此外，饲养员应不断变化屏障的形式，以避免屏障形式单一、刻板，对大熊猫失去吸引力。

（十）各式玩具（活动木桩、球形玩具和新奇玩具）

1. 使用各式玩具的意义

在圈养大熊猫环境中添加各式玩具，能为大熊猫在与之互动过程中表达多种自然行为创造条件，从而增加圈养大熊猫在活动场内的活动量和活动时间。在大熊猫与玩具互动时，活动木桩的晃动性以及球形玩具的活动性可为其提供动态的感官刺激，从而激发大熊猫的好奇心与互动兴趣，为大熊猫表达站立、啃咬、追逐、探索、撕扯等多样化行为创造条件，进而锻炼其肢体力量；将球形玩具结合食物后悬挂，也可增加大熊猫的采食难度，延长其采食时间。而新奇玩具主要是使用对大熊猫无毒无害的小麦、玉米秆、野果或其他植物等原材料，这些原材料在圈养条件下比较少见且新颖，可吸引圈养大熊猫与其互动，并表达探索、半蹲、站立、打滚等多样化行为。

2．活动木桩的注意事项

木桩主体应选取粗壮的树干（长约2.5m，直径约20cm）。为防止木桩脱出，稳定木桩的木箱至少应埋于地下50cm。此外，木桩应做如下处理：顶部包裹适量的麻绳，以防木桩开裂；底部安置在干燥不易积水处，以免雨水浸泡导致腐坏，从而延长使用寿命。木材埋于地下容易发腐生霉，饲养员应及时检查并不定期更换。

3．球形玩具的注意事项

球形玩具材质应耐咬、耐磨、不易损坏，对大熊猫无毒无害。若球形玩具没有固定，那么饲养员在使用之前应排查大熊猫是否会借助球形玩具逃逸；若球形玩具需要悬挂，那么饲养员应根据使用对象的站立高度而定，以免悬挂太低而缺乏挑战性，也要避免因悬挂太高而导致大熊猫无法触及，而减少互动的欲望。悬挂时，绳索（铁链）尽量少用，且应固定好，余留、分叉的绳索或铁链应合理处理或用绳索缠绕在一起，以免缠绕大熊猫；此外，玩具与悬挂绳之间可使用强度足够的快速扣连接，便于更换。

4. 新奇玩具的注意事项

原材料应经过清洁消毒后才能使用。玩具悬挂时，麻绳不可太细（直径为1cm），否则易被大熊猫破坏，使用多根绳索时尽量将其札成一束，避免大熊猫套住；此外，玩具与悬挂绳之间可使用强度足够的快速扣连接，以便更换；悬挂高度也应根据大熊猫站立高度而定。小玩具易被大熊猫破坏，使用周期短，应及时更换。

参考文献

北京动物园, 1986. 大熊猫解剖: 系统解剖和器官组织学[M]. 北京: 科技出版社: 485-487.

北京动物园, 2016. 动物园术语标准CJJ/T 240-2015[M]. 北京: 中国建筑工业出版社.

杜一平, 黄炎, 刘洋, 等, 2012. 被捕食动物对捕食者的识别研究及在放归中的应用[J]. 四川动物, 31(2): 332-335.

段利娟, 2014. 王朗自然保护区大熊猫及其同域物种活动节律及栖息地利用研究[D]. 北京: 北京林业大学.

何礼, 魏辅文, 王祖望, 等, 1997. 相岭山系大熊猫的营养和能量对策[J]. 生态学报, 20(2): 177-183.

胡杰, 胡锦矗, 屈植彪, 等, 2000. 黄龙大熊猫对华西箭竹选择与利用的研究[J]. 动物学研究, 21(1): 48-51.

胡锦矗, 1981. 大熊猫的食性研究[J]. 南充师院学报(自然科学版)(3): 19-24.

胡锦矗, 1987. 大熊猫的昼夜活动节律[J]. 兽类学报, 7(4): 241-245.

胡锦矗, 1995. 大熊猫的摄食行为[J]. 生物学通报(9): 14-18.

胡锦矗, 2001. 大熊猫研究[M]. 上海: 上海科技教育出版社.

胡锦矗, Schaller G B, Johnson K G, 1990. 唐家河自然保护区大熊猫的觅食生态研究[J]. 四川师范学院学报(自然科学版)(1): 1-13.

胡锦矗, 韦颜, 1994. 马边大风顶自然保护区大熊猫觅食行为与营养对策[J]. 四川师范学院学报:自然科学版, 15(1): 44-51.

胡锦矗, 吴攀文, 2007. 小相岭山系大熊猫大中型伴生兽类[J]. 四川动物, 26(1):88-90.

胡锦矗, 夏勒, 潘文石, 等, 1985. 卧龙的大熊猫[M]. 成都：四川科学技术出版社.

胡锦矗. 追踪大熊猫40年[M]. 济南: 明天出版社, 2012.

胡桃, 2008. 秦岭大熊猫栖息地气味特征研究[D]. 杨凌: 西北农林科技大学.

黄尤优, 乔波, 韦伟, 等, 2014. 四川喇叭河自然保护区大熊猫及其伴生动物种群分布变化[J]. 生态与农村环境学报, 30(2):189-195.

霍西, 梅尔菲, 潘克赫斯特, 2017. 动物园动物: 行为、管理及福利（第二版）[D]. 田秀华, 刘群秀, 马雪峰, 等, 译. 北京: 科学出版社.

简佐义, 李午佼, 张修月, 等, 2017. 大熊猫嗅觉受体基因家族的生物信息学分析[J]. 四川动物, 36(1): 6.

蒋辉, 古晓东, 黄雁楠, 等, 2012. 四川与秦岭野生大熊猫在形态和生态习性上的差异[J]. 西华师范大学学报(自然科学版), 33(1): 12-18.

李华, 贾竞波, 蒋超, 等, 2006. 大熊猫的偶食性食物[J]. 黑龙江生态工程职业学院学报(1): 16-17+49.

李明喜, 黄祥明, 王成东, 等, 2011. 大熊猫食用竹笋营养初步研究[C]//四川省动物学会第九次会员代表大会暨第十届学术研讨会论文集.

林晓娜, 楚晓菁, 赵锐, 等, 2018. 大熊猫视力的定量化[J]. 兽类学报, 38(5): 433-441.

刘定震, 张贵权, 1998. 大熊猫个体不同性活跃能力的行为比较[J]. 动物学报, 44(1): 27-34.

刘国琪, 王昊, 尹玉峰, 2005. 王朗自然保护区中大熊猫发情场的嗅味树和嗅味标记调查[J]. 生物多样性, 13(5): 445-450.

刘海彬, 2015. 大熊猫(*Ailuropoda melanoleuca*)伴生动物的尿液挥发性成分分析[D]. 成都: 四川农业大学.

罗永, 2015. 圈养大熊猫(*Ailuropoda melanoleuca*)对伴生动物声音的识别研究[D]. 成都: 四川农业大学.

罗永, 黄炎, 刘洋, 等, 2014. 动物听觉通讯与大熊猫保护[J]. 四川林业科技, 35(5): 59-64.

马建章, 贾竞波, 2004. 野生动物管理学[M]. 哈尔滨: 东北林业大学.

聂永刚, 2012. 秦岭野生大熊猫繁殖生态学研究[D]. 北京: 中国科学院研究生院.

宁智刚, 袁朝晖, 王军岗, 2012. 长青保护区大熊猫及其伴生动物的种群动态监测[J]. 陕西理工学院学报(自然科学版), 28(4): 70-73.

潘文石, 吕植, 朱小健, 等, 2001. 继续生存的机会[M]. 北京: 北京大学出版社.

乔治・夏勒, 2015. 最后的大熊猫[M]. 张定绮, 译. 上海: 上海译文出版社: 100-125.

汤纯香, 1992. 大熊猫采食行为的研究[J]. 动物学杂志(4): 46-49.

唐平, 周昂, 1997. 冶勒自然保护区大熊猫摄食行为及营养初探[J]. 四川师范学院学报(自然科学版): 1-4.

田红, 魏荣平, 张贵权, 等, 2007. 雄性大熊猫对化学信息行为反应的年龄差异[J]. 动物学研究, 28(2): 134-140.

王腾浩, 张根华, 秦玉梅, 等, 2008. 哺乳动物味蕾细胞分型及其细胞间信息传递[J]. 生命的化学(3): 113-115.

魏辅文, 冯祚建, 王祖望, 1999. 相岭山系大熊猫和小熊猫对生境的选择[J]. 动物学报, 45(1): 57-63.

魏辅文, 胡锦矗, 1994. 卧龙自然保护区野生大熊猫繁殖研究[J]. 兽类学报(4): 243-248.

魏辅文, 胡锦矗, 1997. 马边大风顶自然保护区大熊猫能量摄入和食物资源能量估算[J]. 兽类学报, 17(1): 8-12.

魏辅文, 张泽钧, 胡锦矗, 2011. 野生大熊猫生态学研究进展与前瞻[J]. 兽类学报, 31(4): 412-421.

徐蒙, 王智鹏, 刘定震, 等, 2011. 发情期大熊猫(*Ailuropoda melanoleuca*)交互模态信号通讯[J]. 科学通报(36): 55-59.

杨贵波, 王平, 陈茂生, 1999. 胚后64小时龄和35天龄大熊猫视网膜的显微结构[J]. 动物学报(英文版), 45(1): 28-31.

于黎, 张亚平, 2006. 食肉目哺乳动物的系统发育学研究概述[J]. 动物学研究, 27(6): 657-665.

张洪峰, 封托, 孔飞, 等, 2011. 108国道秦岭生物走廊带大熊猫主要伴生动物调查[J]. 生物学通报(7): 5-7.

张晋东, 2011. 大熊猫取食竹笋期间的昼夜活动节律和强度[J]. 生态学报(10): 3-9.

张轶卓, 何绍纯, 2019. 动物园环境丰容操作手册[D]. 北京: 中国农业出版社.

周晓, 黄炎, 黄金燕, 等, 2013. 大熊猫的行为发育及饲养管理中的影响因素[J]. 野生动物, 34(2): 106-110.

朱靖, 孟智斌, 1987. 大熊猫(*Ailuropoda melanoleuca*)发情期叫声及其行为意义[J]. 动物学报, 33(3): 285-292.

CHARLTON B D, HUANG Y, SWAISGOOD R R, 2009b. Vocal discrimination of potential mates by female giant pandas (*Ailuropoda melanoleuca*)[J]. Biology letters, 5(5): 597-599.

CHARLTON B D, KEATING J L, RENGUI L, et al, 2010b. Female giant panda (*Ailuropoda melanoleuca*) chirps advertise the caller's fertile phase[J]. Proceedings of the Royal Society B Biological Sciences, 277(1684): 1101-1106.

CHARLTON B D, OWEN M A, Keating J L, et al., 2018. Sound transmission in a bamboo forest and its implications for information transfer in giant panda (*Ailuropoda melanoleuca*) bleats[J]. Scientific Reports, 8(1).

CHARLTON B D, ZHIHE Z, SNYDER R J, 2009a. The information content of giant panda (*Ailuropoda melanoleuca*) bleats: acoustic cues to sex, age and size[J]. Animal behaviour, 78(4): 893-898.

CHARLTON B D, ZHIHE Z, SNYDER R J, 2010a. Giant pandas perceive and attend to formant frequency variation in male bleats[J]. Animal Behaviour, 79(6): 1221-1227.

CHORN J, HOFFMANN R S, 1998. *Ailuropoda melanoleuca*[J]. Mammalian Species, (110): 110.

DAMME R V, CASTILLA A M, 1996. Chemosensory predator recognition in the lizard Podarcis hispanica: Effects of predation pressure relaxation[J]. Journal of Chemical Ecology, 22(1): 13-22.

DUNBRACK R L, RAMSAY M A, 1986. Physiological Constraints on Life History Phenomena: The Example of Small Bear Cubs at Birth[J]. American Naturalist, 127(6): 735-743.

DUNCAN I J, OLSSON I A, 2001. Enviromental enrichment: from flawed concept to pseudo-science[C]. Proceedings of 35th international congress of international society for applied ethology. CA:Center for Animal Welfare: University of California at DAVIS: 73.

DUNGL E, SCHRATTER D, HUBER L, 2008. Discrimination of face-like patterns in the giant panda (*Ailuropoda melanoleuca*) [J]. Journal of Comparative Psychology, 122(4): 335-343.

GORMAN M L, BEVERLEY J T, 1989. The Role of Odor in the Social Lives of Carnivores [M]// Carnivore Behavior, Ecology, and Evolution. New York: Springer US.

GREER C A, 1991. Structural organization of the olfactory system [M]//Smell and Taste in Health and Disease. New York: Raven Press.

HU X X, WANG G, SHAN L, et al., 2020. TAS2R20 variants confer dietary adaptation to high - quercitrin bamboo leaves in Qinling giant pandas[J]. Integrative Zoology: 1-9.

KELLING A S, SNYDER R J, MARR M J, et al., 2006. Color vision in the giant panda (*Ailuropoda melanoleuca*)[J]. Learning & Behavior, 34(2): 154-161.

KLEIMAN D G, 1983. Ethology and Reproduction of Captive Giant Pandas (*Ailuropoda melanoleuca*)[J]. Ethology, 62(1):1-46.

LIU D Z, YUAN H, TIAN H, et al., 2006. Do anogenital gland secretions of giant panda code for their sexual ability?[J]. Chinese Science Bulletin, 51(16): 1986-1995.

OWEN M A, SWAISGOOD R R, CZEKALA N M, et al., 2004. Monitoring stress in captive giant pandas (*Ailuropoda melanoleuca*): behavioral and hormonal responses to ambient noise[J]. Zoo Biology, 23(2): 147-164.

POWELL D M, CARLSTEAD K, TAROU L R, et al., 2006. Effects of construction noise on behavior and cortisol levels in a pair of captive giant pandas (*Ailuropoda melanoleuca*)[J]. Zoo Biology, 25(5): 391-408.

ROBERT J Y, 2003. Environmental enrichment for captive animals[M]. Oxford: Blackwell Publishing.

SCHALLER G. B, HU J C, PAN W S, et al., 1986. The giant pandas of Wolong [M]. Chicago, IL: University of Chicago Press.

SICARD G, ANDRE H, 1984. Receptor cell responses to odorants: Similarities and differences among odorants[J]. Brain Research, 292(2): 283-296.

STOEGER A S, BAOTIC A, LI D, et al., 2012. Acoustic Features Indicate Arousal in Infant Giant Panda Vocalisations[J]. Ethology, 118(9): 896-905.

SWAISGOOD R R, LINDBURG D G, ZHOU X, 1999. Giant pandas discriminate individual differences in conspecific scent[J]. Animal Behaviour, 57(5): 1045-1053.

WHITE A M, SWAISGOOD R R, ZHANG H, 2002. The highs and lows of chemical communication in giant pandas (*Ailuropoda melanoleuca*): effect of scent deposition height on signal discrimination[J]. Behavioral Ecology & Sociobiology, 51(6): 519-529.

YUAN H, LIU D, SUN L, WEI R, et al, 2004. Anogenital gland secretions code for sex and age in the giant panda, *Ailuropoda melanoleuca*[J]. Canadian Journal of Zoology, 82(10): 1596-1604.

ZHANG J D, HULL V, HUANG J V, et al., 2015. Activity patterns of the giant panda (*Ailuropoda melanoleuca*) [J]. Journal of Mammalogy, 96 (6): 1116-1127.

ZHANG J X, LIU D, SUN L, et al., 2008. Potential Chemosignals in the Anogenital Gland Secretion of Giant Pandas, *Ailuropoda melanoleuca*, Associated with Sex and Individual Identity[J]. Journal of Chemical Ecology, 34(3): 398-407.

附录

一、北部暖温带落叶阔叶林区

区域内主要城市：沈阳、葫芦岛、大连、丹东、鞍山、辽阳、锦州、营口、盘锦、北京、天津、太原、临汾、长治、石家庄、秦皇岛、保定、唐山、邯郸、邢台、承德、济南、德州、延安、宝鸡、天水。

表1　骨干树种

序号	中文名	科	属	形态	观赏特性	习性	应用
1	银杏	银杏科	银杏属	落叶乔木	高达40m，胸径可达4m；幼树树皮浅纵裂，大树的皮呈灰褐色，深纵裂，粗糙；幼年及壮年树冠圆锥形	喜光树种，深根性	可作庭园树及行道树
2	玉兰	木兰科	木兰属 玉兰属	落叶乔木	枝广展形成宽阔的树冠；树皮深灰色，粗糙开裂	性喜光，较耐寒，可露地越冬	可作庭园树
3	杜仲	杜仲科	杜仲属	落叶乔木	树皮灰褐色，粗糙，内含橡胶	喜温暖湿润气候和阳光充足的环境	可作庭园树
4	榆树	榆科	榆属	落叶乔木	榆树树干通直，树形高大，绿荫较浓	阳性树种，喜光，耐旱，耐寒，耐瘠薄，不择土壤，适应性很强	是城市绿化、行道树、庭阴树、工厂绿化、营造防护林的重要树种
5	榉树	榆科	榉树属 榉属	落叶乔木	胸径达100cm；树皮灰白色或褐灰色，呈不规则的片状剥落	阳性树种，喜光，喜温暖环境	榉树树姿端庄，高大雄伟，秋叶变成褐红色，是观赏秋叶的优良树种
6	小叶朴	榆科	朴树属	落叶乔木	树形美观，树冠圆满宽广，绿荫浓郁去年生小枝灰褐色	喜光，耐阴，喜肥厚湿润疏松的土壤	最适宜公园、庭园作庭阴树，也可供街道、公路列植作行道树
7	桑	桑科	桑属	落叶乔木	树冠宽阔，树叶茂密，秋季叶色变黄，颇为美观	喜温暖湿润气候，稍耐阴	适于城市、工矿区及农村四旁绿化

（续表）

序号	中文名	科	属	形态	观赏特性	习性	应用
8	构树	桑科	桑属构属	落叶乔木	叶螺旋状排列，广卵形至长椭圆状卵形	喜光，适应性强，耐干旱瘠薄	尤其适合用作矿区及荒山坡地绿化，亦可选做庭阴树及防护林用
9	麻栎	壳斗科	栎属	落叶乔木	叶片形态多样，通常为长椭圆状披针形，叶缘有刺芒状锯齿，叶片两面同色，叶柄幼时被柔毛，后渐脱落	该种喜光，深根性	荒山瘠地造林的先锋树种
10	槲树	壳斗科	栎属	落叶乔木	树皮暗灰褐色，深纵裂。小枝粗壮，有沟槽，密被灰黄色星状绒毛	强阳性树种，喜光、耐旱、抗瘠薄	可孤植、片植或与其他树种混植
11	槲栎	壳斗科	栎属	落叶乔木	树皮暗灰色，深纵裂。老枝暗紫色，具多数灰白色突起的皮孔；小枝灰褐色，近无毛，具圆形淡褐色皮孔	强阳性树种，喜光、耐旱、抗瘠薄	常与其他树种组成混交林或成小片纯林
12	栓皮栎	壳斗科	栎属	落叶乔木	树冠塔形，枝叶浓密，侧枝与主干开展角度20°～25°	喜光，稍耐阴	良好的绿化观赏树种，也是营造防风林、水源涵养林及防护林的优良树种
13	黑桦	桦木科	桦木属	落叶乔木	无顶芽，幼树卵形，长大后呈圆形或不规则树冠。幼树树干光滑，肉色至锈红色，长大后树皮逐渐横向剥落，呈奶黄色至褐色，硬块状	生于海拔400～1300m干燥、土层较厚的阳坡、山顶石岩上、潮湿阳坡、针叶林或杂木林下	防护林的优良树种
14	坚桦	桦木科	桦木属	落叶小乔木	树皮黑灰色，纵裂或不开裂；枝条灰褐色或灰色；小枝密被长柔毛	生于海拔400～900m的山坡、山脊、石山坡及沟谷等的林中	木材可供农具、器具等用。株形优美，可用于园林绿化
15	糠椴	椴树科	椴树属	落叶乔木	树皮暗灰色；嫩枝被灰白色星状茸毛，顶芽有茸毛		

（续表）

序号	中文名	科	属	形态	观赏特性	习性	应用
16	蒙椴	椴树科 锦葵科	椴属 椴树属	落叶乔木	树皮淡灰色，有不规则薄片状脱落；嫩枝无毛，顶芽卵形，无毛。叶阔卵形或圆形，长4～6cm，宽3.5～5.5cm	喜光，也相当耐阴；耐寒性强，喜冷凉湿润气候及肥厚而湿润的土壤	很好的水源涵养林树种
17	法桐	悬铃木科	悬铃木属	落叶乔木	其树冠阔钟形；干皮灰褐色至灰白色，呈薄片状剥落	喜光，喜湿润温暖气候，较耐寒	为优良是世界著名的优良庭阴树和行道树
18	柽柳	柽柳科	柽柳属	落叶乔木或灌木	老枝直立，暗褐红色，光亮，幼枝稠密细弱，常开展而下垂	喜生于河流冲积平原，海滨、滩头、潮湿盐碱地和沙荒地	庭园观赏植栽
19	栾树	无患子科	栾树属	落叶乔木或灌木	树皮厚，灰褐色至灰黑色，老时纵裂；皮孔小，灰至暗褐色	喜光，稍耐半阴的植物；耐寒、耐旱	常栽培作庭园观赏树
20	白蜡	木犀科	梣属	落叶乔木	树皮灰褐色，纵裂	属于阳性树种，喜光，对土壤的适应性较强	干形通直，树形美观，抗烟尘、二氧化硫和氯气，是工厂、城镇绿化美化的好树种

表2　辅助树种

序号	中文名	科	属	形态	观赏特点	习性	应用
1	五味子	木兰科	五味子属	落叶木质藤本	褐色，老枝灰褐色，常起皱纹，片状剥落	喜微酸性腐殖土	药用或装景植物
2	东北山梅花	虎耳草科 绣球花科	山梅花属	落叶灌木	叶片卵形或椭圆状卵形，生于无花枝上叶较大，先端渐尖，上面无毛，下面沿叶脉被长柔毛	喜光，极耐阴，耐寒，适应性强	适宜种植在庭院、公路旁、花坛、校园、风景区等地

（续表）

序号	中文名	科	属	形态	观赏特点	习性	应用
3	大花溲疏	虎耳草科 绣球花科	溲疏属	落叶灌木	老枝紫褐色或灰褐色，无毛，表皮片状脱落；花枝开始极短	喜光，稍耐阴，耐寒，耐旱	可植于草坪、路边及山坡，也可作花篱或岩石园
4	小花溲疏	虎耳草科 绣球花科	溲疏属	落叶灌木	老枝灰褐色或灰色，表皮片状脱落	性喜光，稍耐阴、耐寒性较强、耐旱，不耐积水	可用作自然式花篱，也可丛植点缀于林缘、草坪，也可片植
5	白鹃梅	蔷薇科	白鹃梅属	落叶灌木	枝条细弱开展；小枝圆柱形，微有棱角，无毛	喜光，也耐半阴，适应性强，耐干旱、瘠薄的土壤，有一定耐寒性	宜在草地、林缘、路边及假山岩石间配植
6	粉花绣线菊	蔷薇科	绣线菊属	落叶灌木	枝条细长，开展，小枝近圆柱形，无毛或幼时被短柔毛；冬芽卵形，先端急尖，有数个鳞片	喜光，阳光充足则开花量大，耐半阴，耐寒性强	可作花坛、花径，或植于草坪及园路角隅等处构成夏日佳景，亦可作基础种植
7	风箱果	蔷薇科	风箱果属	落叶灌木	枝圆柱形，稍弯曲，幼时紫红色，老时灰褐色	喜光，也耐半阴	是山林自然风景区及林缘极好的绿化树种
8	金叶风箱果	蔷薇科	风箱果属	落叶灌木	叶片生长期金黄色，落前黄绿色，三角状卵形，缘有锯齿	性喜光，耐寒，耐瘠薄，耐粗放管理	可孤植、丛植和带植，适合庭院观赏，也可作路篱、镶嵌材料和带状花坛背衬，或花径或镶边金黄色与鲜绿色形成鲜明的对比，非常好地增加了造型的层次和绿色植物的亮度
9	珍珠梅	蔷薇科	珍珠梅属	落叶灌木	树姿秀丽，夏日开花，花蕾白亮如珠	喜光，耐阴，耐寒	是受欢迎的观赏树种，可孤植、列植，丛植效果甚佳
10	棣棠	蔷薇科	棣棠花属	落叶灌木	单叶互生；叶卵形至卵状椭圆形，枝条终年绿色	喜温暖气候，耐寒性不是很强	常成行栽成花丛、花篱，与深色的背景相衬托，使鲜黄色花枝显得更加鲜艳，花可药用

（续表）

序号	中文名	科	属	形态	观赏特点	习性	应用
11	金露梅	蔷薇科	委陵菜属	落叶灌木	小枝红褐色，羽状复叶，叶柄被绢毛或疏柔毛；小叶片长圆形、倒卵长圆形或卵状披针形	耐寒，喜湿润，但怕积水，耐干旱，喜光	叶茂密，黄花鲜艳，适宜作庭园观赏灌木，或作矮篱
12	欧李	蔷薇科	樱属	落叶灌木	树皮灰褐色，小枝被柔毛叶互生，长圆形或椭圆状披针形	耐干旱，喜光	果色鲜艳
13	毛樱桃	蔷薇科	樱属	落叶灌木	有直立型、开张型两类，为多枝干形	喜光、喜温、喜湿、喜肥	观果植物
14	水栒子	蔷薇科	栒子属	落叶灌木	枝条细瘦，常呈弓形弯曲，小枝圆柱形，红褐色或棕褐色	性强健，耐寒，喜光，稍耐阴	是优美的观花观果灌木
15	平枝栒子	蔷薇科	栒子属	半常绿匍匐灌木	叶片近圆形或宽椭圆形，稀倒卵形，长5～14mm，宽4～9mm，先端多数急尖	喜温暖湿润的半阴环境，耐干燥和瘠薄的土地，不耐湿热，有一定的耐寒性，怕积水	在园林中可用于布置岩石园、斜坡的优良材料
16	紫荆	豆科	紫荆属	落叶乔木或灌木	树皮和小枝灰白色叶纸质，近圆形或三角状圆形	暖带树种，较耐寒喜光，稍耐阴	宜栽庭院、草坪、岩石及建筑物前，用于小区的园林绿化，具有较好的观赏效果
17	锦鸡儿	豆科	锦鸡儿属	落叶丛生灌木	花朵鲜艳，状如蝴蝶的花蕾，盛开时呈现黄红色	喜温暖和阳光照射	宜于园林庭院作绿化美化栽培
18	多花胡枝子	豆科	胡枝子属	落叶小灌木	根细长；茎常近基部分枝；枝有条棱，被灰白色绒毛	喜温暖和阳光照射	在园林中可用于布置岩石园、斜坡的优良材料
19	杭子梢	豆科	杭子梢属	常绿灌木	小枝贴生或近贴生短或长柔毛，嫩枝毛密，少有具绒毛，老枝常无毛	喜温暖和阳光照射	作为营造防护林与混交林的树种，可起到固氮、改良土壤的作用

（续表）

序号	中文名	科	属	形态	观赏特点	习性	应用
20	紫穗槐	豆科	紫穗槐属	落叶灌木	枝褐色、被柔毛，后变无毛，叶互生	耐寒性强，耐干旱能力也很强	是防风林带紧密种植结构的首选树种
21	紫薇	千屈菜科	紫薇属	落叶灌木或小乔木	树姿优美，树干光滑洁净，花色艳丽	喜暖湿气候，喜光，略耐阴，喜肥	观花、观干、观根的盆景良材
22	太平花	虎耳草科	山梅花属	落叶灌木	分枝较多；二年生小枝无毛，表皮栗褐色，当年生小枝无毛，表皮黄褐色，不开裂	喜光，稍耐阴，较耐寒，耐干旱，怕水湿	宜丛植于、林缘、园路拐角和建筑物前，亦可作自然式花篱或大型花坛的中心栽植材料
23	红瑞木	山茱萸科	梾木属	落叶灌木	老干暗红色，枝丫血红色叶对生，椭圆形聚伞花序顶生，花乳白色	喜欢潮湿温暖的生长环境，适宜的生长温度是22～30℃，光照充足	园林中多丛植草坪上或与常绿乔木相间种植，得红绿相映的效果
24	卫矛	卫矛科	卫矛属	常绿灌木	小枝常具2～4列宽阔木栓翅；冬芽圆形，芽鳞边缘具不整齐细坚齿	喜光，也稍耐阴	广泛应用于城市园林、道路、公路绿化的绿篱带
25	小叶黄杨	黄杨科	黄杨属	常绿灌木	生长低矮，枝条密集，枝圆柱形，小枝四棱形	喜光，在阳光充足和半阴环境	可作绿篱或在花坛边缘栽植，也可孤植点缀于假山和草坪

表3　补充树种

序号	中文名	科	属	形态	观赏特点	习性	应用
1	木本香薷	唇形科	香薷属		花小而密，顶生总状花序，花冠淡紫色	喜光	适于庭院栽植
2	小叶女贞	木犀科	女贞属	半常绿或者落叶灌木	叶薄革质；花白色，香，无梗	喜光照，稍耐阴，较耐寒	主要作绿篱栽植；其枝叶紧密、圆整，庭院中常栽植观赏

（续表）

序号	中文名	科	属	形态	观赏特点	习性	应用
3	金叶女贞	木犀科	女贞属	落叶灌木	叶革薄质，单叶对生	喜光，稍耐阴，适应性强，抗干旱	盆栽可用于门廊或厅堂处摆放观赏；园林中常片植或丛植，或做绿篱栽培
4	大叶黄杨	黄杨科	黄杨属	常绿小灌木	叶革质或薄革质，卵形、椭圆状或长圆状披针形以至披针形	喜光，稍耐阴，有一定耐寒力	园林绿化树种，可栽植绿篱及背景种植材料，也可单株栽植在花境内
5	糯米条	忍冬科	六道木属	落叶多分枝灌木	嫩枝纤细，红褐色，被短柔毛	喜光，耐阴性强，喜温暖湿润气候	适宜栽植于池畔、路边、墙隅、草坪和林下边缘，可群植或列植，修剪成花篱
6	迎春	木犀科	素馨属	落叶灌木丛生	小枝细长直立或拱形下垂，呈纷披状	喜光，稍耐阴，略耐寒，怕涝	宜配置在湖边、溪畔、桥头、墙隅，或在草坪、林缘、坡地，房屋周围也可栽植
7	六道木	忍冬科	六道木属	落叶灌木	幼枝被倒生硬毛，老枝无毛；叶矩圆形至矩圆状，披针形	喜光，稍耐阴，略耐寒，怕涝	耐修剪，为优良的行道和绿篱树种
8	猬实	忍冬科	猬实属	落叶灌木	幼枝红褐色，被短柔毛及糙毛，老枝光滑，茎皮剥落	喜光树种，在林阴下生长细弱	在园林中可于草坪、角坪、角隅、山石旁、园路交叉口、亭廊附近列植或丛植
9	锦带花	忍冬科	锦带花属	落叶灌木	幼枝稍四方形，有2列短柔毛；树皮灰色	喜光，耐阴，耐寒	庭院墙隅、湖畔群植；也可在树丛、林缘作篱笆、丛植配植
10	天目琼花	忍冬科	荚蒾属	落叶灌木	当年小枝有棱，无毛，有明显凸起的皮孔	阳性树种，稍耐阴，喜湿润空气	良好的庭院植物
11	荚蒾	忍冬科	荚蒾属	落叶灌木	枝叶稠密，树冠球形；叶形美观	喜光，喜温暖湿润，也耐阴，耐寒	良好的庭院植物

（续表）

序号	中文名	科	属	形态	观赏特点	习性	应用
12	金银花	忍冬科	忍冬属	多年生半常绿缠绕灌木	幼枝红褐色，密被黄褐色	适应性很强，对土壤和气候的选择并不严格	在树丛林、缘作篱笆、丛植、配植
13	金银木	忍冬科	忍冬属	落叶灌木	茎干直径达10cm；幼枝、叶两面脉上、叶柄、苞片、小苞片及萼檐外面都被短柔毛和微腺毛	性喜强光	适合园林中庭院、水滨、草坪栽培观赏
14	连翘	木犀科	连翘属	落叶灌木	枝开展或下垂，棕色、棕褐色或淡黄褐色	喜温暖、湿润气候，也很耐寒	可以做成花篱、花丛、花坛等，在绿化美化城市方面应用广泛
15	雪柳	木犀科	雪柳属	落叶灌木或小乔木	开花季节白花满枝，犹如覆雪	喜光，稍耐阴，喜温暖湿润气候，也耐寒	适于做绿篱、绿屏
16	鞑靼忍冬	忍冬科	忍冬属	落叶灌木	形态优美，枝叶繁茂，花香果	抗旱、抗寒，对土壤要求不高	可栽植于庭园观赏，或用来点缀草坪、岩石及假山，配植于庭中堂前、墙下窗前
17	接骨木	忍冬科	接骨木属	落叶灌木	老枝淡红褐色，具明显的长椭圆形皮孔，髓部淡褐色	喜光，耐阴，较耐寒，耐旱	山坡、灌丛、沟边、路旁、宅边等
18	木槿	锦葵科	木槿属	落叶灌木	叶菱形至三角状卵形，长3～10cm，宽2～4cm	稍耐阴、喜温暖、湿润气候，耐修剪、耐热又耐寒	夏、秋季的重要观花灌木，南方多作花篱、绿篱；北方作庭园点缀及室内盆栽
19	荆条	马鞭草科	牡荆属	落叶灌木或小乔木	树皮灰褐色，幼枝方形有四棱，老枝圆柱形，灰白色，被柔毛；掌状复叶对生或轮生	抗旱耐寒	叶秀丽，花清雅，是装点风景区的极好材料，也是树桩盆景的优良材料

（续表）

序号	中文名	科	属	形态	观赏特点	习性	应用
20	石榴	石榴科	石榴属	落叶灌木或小乔木	树冠丛状自然圆头形。树根黄褐色。生长强健，根际易生根蘖	喜温暖向阳的环境，耐旱、耐寒，也耐瘠薄，不耐涝和荫蔽	适合园林中庭院
21	文冠果	无患子科	文冠果属	落叶灌木或小乔木	树姿秀丽，花序大，花朵稠密，花期长，甚为美观	耐干旱、贫瘠、抗风沙	可于公园、庭园、绿地孤植或群植

表4　地被植物

序号	中文名	科	属	形态	观赏特性	习性	应用
1	平车前	车前科	车前属	落叶灌木或小乔木	树姿秀丽，花序大，花朵稠密，花期长，甚为美观	喜阳，耐半阴	可于公园、庭园、绿地孤植或群植
2	酢浆草	酢浆草科	酢浆草属	多年生草本植物	低矮，生长快，开花时间长，花开时节十分壮观	花黄色，喜向阳、温暖、湿润的环境	地被植物
3	茜草	茜草科	茜草属	多年生草质攀缘藤木	根状茎和其节上的须根均红色	喜凉爽而湿润的环境。耐寒，怕积水	常生于疏林、林缘、灌丛或草地上
4	田旋花	旋花科	旋花属	多年生草本	茎平卧或缠绕，有棱	喜向阳	地被植物
5	牵牛	旋花科	虎掌藤属牵牛属	一年生缠绕草本	这一种植物的花酷似喇叭状，因此有些地方称为喇叭花	喜暖和凉快	多用于庭院围墙以及高速道路护坡的绿化
6	蒲公英	菊科	蒲公英属	多年生草本	根圆锥状，表面棕褐色，皱缩，叶边缘有时具波状齿或羽状深裂，基部渐狭成叶柄，叶柄及主脉常带红紫色，花葶上部紫红色，密被蛛丝状白色长柔毛	喜向阳	多用于草地、路边、河滩

（续表）

序号	中文名	科	属	形态	观赏特性	习性	应用
7	牛蒡	菊科	牛蒡属	二年生草本植物	具粗大的肉质直根，长达15cm，径可达2cm，有分枝支根	喜温暖气候条件，既耐热又较耐寒	适用山坡、山谷、灌木丛中
8	旋覆花	菊科	旋覆花属	多年生草本	根状茎短，横走或斜升，有多少粗壮的须根	喜温暖、湿润气候	多用于草地、路边、河滩
9	中华苦荬菜	菊科	苦荬菜属小苦荬属	多年生草本	表面紫红色至青紫色；质硬而脆，断面髓部呈白色	喜温暖	适用山坡、山谷、灌木丛中
10	泥胡菜	菊科	泥胡菜属	一年生草本植物	茎单生，很少簇生，通常纤细，被稀疏蛛丝毛，上部常分枝，少有不分枝的	喜温湿环境，不耐强光	常生于疏林、林缘、灌丛或草地上
11	紫苜蓿	豆科	苜蓿属	多年生草本	根粗壮，深入土层，根茎发达。茎直立	喜温暖和半湿润到半干旱的气候	适用山坡、山谷、灌木丛中
12	早开堇菜	堇菜科	堇菜属	多年生草本	花大，紫堇色或淡紫色，喉部色淡并有紫色条纹，直径1.2～1.6cm，无香味	喜温暖	适用于庭院、宅边以及山地果园中
13	委陵菜	蔷薇科	委陵菜属	多年生草本	根粗壮，圆柱形，稍木质化	喜温暖	用于草地、沟谷、林缘、灌丛或疏林下搭配
14	萹蓄	蓼科	萹蓄属蓼属	一年生草本	茎平卧、上升或直立，高10～40cm，自基部多分枝，具纵棱	喜冷凉、湿润的气候条件，抗热、耐旱	适用山坡、山谷、灌木丛中
15	巴天酸模	蓼科	酸模属	多年生草本	根肥厚，直径可达3cm；茎直立，粗壮，高90～150cm，上部分枝，具深沟槽	喜温湿环境	适合在沟边湿地、水边
16	独行菜	十字花科	独行菜属	一年生或二年生草本	茎直立，有分枝，无毛或具微小头状毛	喜温湿环境	适用山坡、山谷、灌木丛中

（续表）

序号	中文名	科	属	形态	观赏特性	习性	应用
17	诸葛菜	十字花科	诸葛菜属	一年或二年生草本植物	花紫色、浅红色或褪成白色，直径2～4cm；花梗长5～10mm；花萼筒状，紫色，萼片长约3mm	喜光，对土壤要求不严，酸性土和碱性土均可生长	可配置于树池、坡上、树荫下、篱边、路旁、草地、假山石周围、山谷中等
18	荠	十字花科	荠属	一年生或二年生草本植物	总状花序顶生及腋生，果期延长达20cm；花梗长3～8mm；萼片长圆形，长1.5～2mm；花瓣白色，卵形，长2～3mm，有短爪	喜冷凉湿润的气候	适合配置在山坡、田边及路旁
19	附地菜	紫草科	附地菜属	一年生草本	茎通常自基部分枝，纤细。匙形、椭圆形或披针形的小叶互生，基部狭窄，两面均具平伏粗毛	喜温湿环境	可搭配于丘陵林缘、灌木林间
20	半夏	天南星科	半夏属	多年生草本植物	块茎圆球形，直径1～2cm，具须根	喜温和湿润的气候和荫蔽的环境	可搭配于丘陵林缘、灌木林间
21	马蔺	鸢尾科	鸢尾属	多年生草本宿根植物	花为浅蓝色、蓝色或蓝紫色，花被上有较深色的条纹，花茎光滑，高5～10cm	喜阳光、稍耐阴	路旁、山坡草地应用较多
22	夏至草	唇形科	夏至草属	多年生草本	茎高15～35cm，四棱形，具沟槽，带紫红色，密被微柔毛，常在基部分枝	喜向阳湿润的环境	路旁、山坡草地应用较多
23	白屈菜	罂粟科	白屈菜属	多年生草本	主根粗壮，圆锥形，侧根多，暗褐色	喜温暖湿润气候，耐寒，耐热；不择土壤；耐干旱，耐修剪	可搭配在湿润地、水沟边、绿林草地或草丛中
24	展枝唐松草	毛茛科	唐松草属	多年生草本植物	植株全部无毛。根状茎细长，自节生出长须根	喜温暖湿润气候	路旁、山坡草地应用较多

（续表）

序号	中文名	科	属	形态	观赏特性	习性	应用
25	涝峪苔草	莎草科	苔草属	多年生草本	叶较秆短或等长，宽3～6cm，边缘粗糙	耐阴力较强	良好的耐阴地被植物
26	蓝羊茅	禾本科	羊茅属	常绿草本植物	有柔软的针状叶子，株高可达40cm，蓬径约为株高的2倍，形成圆垫	贫瘠干旱土壤的原生草种	适合作花坛、花镜镶边用
27	结缕草	禾本科	结缕草属	多年生草本	具横走根茎，须根细弱	具有抗踩踏、弹性良好、再生力强、病虫害少、养护管理容易、寿命长等优点	良好的草坪品种
28	黑麦草	禾本科	黑麦草属	多年生植物	基部节上生根质软；叶舌长约2mm；叶片柔软，具微毛，有时具叶耳。	喜温湿气候	高尔夫球道常用草
29	高羊茅	禾本科	羊茅属	多年生草本植物	秆成疏丛或单生，直立，高可达120cm	适应性强，抗逆性突出，耐践踏和抗病力强，且夏季不休眠，	是适宜广泛推广和使用的草种
30	早熟禾	禾本科	早熟禾属	一年生或冬性禾草	秆直立或倾斜，质软，高6～30cm，全体平滑无毛	喜光，耐旱性较强，耐阴性也强	景观搭配草种
31	狼尾草	禾本科	狼尾草属	多年生	秆直立，从生，在花序下密生柔毛	喜光照充足的生长环境，耐旱、耐湿，亦能耐半阴，且抗寒性强	石边或花径搭配
32	牛筋草	禾本科	穇属	一年生草本	根系极发达。秆丛生，基部倾斜。叶鞘两侧压扁而具脊，松弛，无毛或疏生疣毛	喜向阳湿润的环境	全株可作饲料，又为优良保土植物
33	马唐	禾本科	马唐属	一年生草本	秆直立或下部倾斜，膝曲上升，无毛或节生柔毛	喜湿喜光	植被演替的先锋种之一

二、热带季雨林及雨林区

区域内主要城市：海口、三亚、琼海、高雄、台南、深圳、湛江、中山、珠海、澳门、香港、南宁、钦州、北海、茂名、景洪。

表1　骨干树种

序号	中文名	科	属	形态	观赏特性	习性	应用
1	竹节树	红树科	竹节树属	常绿乔木	花瓣白色，近圆形，果实近球形，花期冬季至次年春季，果期春夏季	该种生长较慢，偏阳性，对土壤要求不苛，在岩石裸露的溪旁也能生长正常	行道树、庭荫树
2	荔枝	无患子科	荔枝属	常绿乔木	高通常不超过10m，有时可达15m或更高，树皮灰黑色；小枝圆柱状，褐红色，密生白色皮孔	喜高温高湿，喜光向阳	果树
3	樟树	樟科	樟属	常绿大乔木	树姿优美，枝叶茂密	具有发达的主根系，在土壤中下扎很深，因此当强风来临时其比一般树种更抗倒伏	广泛用作庭荫树、行道树
4	铁冬青	冬青科	冬青属	常绿灌木或乔木	胸径达1m；树皮灰色至灰黑色	耐阴树种，喜生于温暖湿润气候	宜丛植于草坪、土丘、山坡，适宜在园林中孤植或群植，亦可混植于其他树群

表2　辅助树种

序号	中文名	科	属	形态	观赏特点	习性	应用
1	幌伞枫	五加科	幌伞枫属	常绿乔木	树冠圆整，行如罗伞	喜光，性喜温暖湿润气候；亦耐阴，不耐寒	可供庭荫树及行道树
2	细叶榕	桑科	榕属	常绿乔木	冠幅广展	喜疏松肥沃的酸性土，不耐旱，较耐水湿	风景林、行道树、生态林
3	假苹婆	梧桐科	苹婆属	常绿小乔木	树冠丰满，秋季开花，香气浓意	性喜阳光，喜温暖湿润气候	庭园树、行道树及风景区绿化树种
4	竹柏	罗汉松科	竹柏属	常绿乔木	高达20m，胸径50cm；树皮近于平滑	竹柏最适宜的年平均气温在18～26℃；竹柏抗寒性弱	广泛用于庭园、住宅小区、街道等地段绿化的优良风景树

表3　补充树种

序号	中文名	科	属	形态	观赏特点	习性	应用
1	桑树	桑科	桑属	落叶乔木或灌木	树冠宽阔，树叶茂密，秋季叶色变黄，颇为美观	喜温暖湿润气候，耐寒，耐干旱，耐水湿能力强	抗烟尘及有毒气体，适于城市、工矿区及农村四旁绿化。适应性强，为良好的绿化及经济树种

表4　地被植物

序号	中文名	科	属	形态	观赏特性	习性	应用
1	肾蕨	肾蕨科	肾蕨属	多年生常绿草本观叶植物	根状茎直立，被蓬松的淡棕色长钻形鳞片，下部有粗铁丝状的匍匐茎向四方横展	喜温暖潮湿的环境	阴性地被植物或布置在墙角、假山和水池边

（续表）

序号	中文名	科	属	形态	观赏特性	习性	应用
2	茶花	山茶科	山茶属	常绿灌木或小乔木	形姿优美，叶为浓绿绿而光泽，花形艳丽缤纷	惧风喜阳、地势高爽、空气流通、温暖湿润	庭院、专类园等造景
3	波士顿蕨	肾蕨科	肾蕨属	多年生常绿草本观叶植物	奇特的叶形叶姿和青翠碧绿的色彩	喜温暖潮湿的环境	作庭园绿化观赏
4	短叶沿阶草	百合科	沿阶草属	多年生常绿草本	植株低矮，根系发达，覆盖效果较快	耐阴性强	良好的地被植物，可成片栽于风景区的阴湿空地和水边湖畔作地被植物
5	银边沿阶草	百合科	沿阶草属	多年生常绿草本	植株低矮，根系发达，叶缘有纵长条白边	喜温暖、半阴、通风良好的环境	小径、花境、台阶等镶边材料，也可成片地栽于阴湿处观
6	巢蕨	铁角蕨科	巢蕨属	多年生阴生草本观叶植物	孢子叶簇呈鸟巢状，叶色终年碧绿光亮	喜温暖潮湿的环境	营造雨林景观和热带植物园的首选植物
7	大叶油草	禾本科	地毯草属	多年生草本植物	具长匍匐枝。秆压扁，高8～60cm，节密生灰白色柔毛	喜温暖潮湿的环境	良好的保土植物；又因秆叶柔嫩，为优质牧草
8	凤尾竹	禾本科	簕竹属	多年生常绿单子叶植物	植株较高大，高3～6m，竿中空	喜酸性、微酸性或中性土壤	适于在庭院中墙隅、屋角、门旁配植，植株较小的凤尾竹可栽植于花台上
9	散尾葵	棕榈科	散尾葵属	从生常绿灌木或小乔木	叶柄稍弯曲，先端柔软	喜温暖湿润、半阴且通风良好的环境，怕冷，耐寒力弱	多作观赏树栽种于草地、树荫、宅旁
10	兰引3号	禾本科	结缕草属	多年生暖季型草本植物	其叶片革质，长3cm，叶宽4～6mm，披针形	叶耐旱、耐热性极强	广泛应用于温暖潮湿和过渡地带，在园林、庭园、高尔夫球场、机场、运动场和水土保持地广为利用

三、南亚热带常绿阔叶林区

区域内主要城市：福州、厦门、泉州、漳州、广州、佛山、顺德、东莞、惠州、汕头、台北、柳州、桂平、个旧。

表1　骨干树种

序号	中文名	科	属	形态	观赏特性	习性	应用
1	大叶榕	桑科	榕属	落叶乔木	生性强健，树姿丰满	阳性，喜高温多湿气候，耐干旱瘠薄，抗风	适合用作园景树和遮阴树
2	小叶榕	桑科	榕属	落叶乔木	树冠广阔，树姿丰满壮观	阳性，喜高温多湿气候，耐干旱瘠薄	园景树和遮阴树
3	高山榕	桑科	榕属	落叶乔木	树冠宽广	喜光，喜温暖湿润气候，耐寒，对土壤要求不严	园景树和遮阴树
4	细叶榕	桑科	榕属	落叶乔木	冠幅广展	阳性树种，喜光，耐旱，耐寒，耐瘠薄	园景树和遮阴树
5	水石榕	杜英科	杜英属	常绿小乔木	叶革质，聚生于枝顶，狭披针形至倒披针形	喜高温、多湿的环境，喜半阴环境	适合在庭院、草地和路旁作第二林层栽植作庭园树
6	印度橡皮树	桑科	榕属	常绿乔木	四季常青，树形优美	喜光、稍耐阴，喜温暖湿润微酸或微碱性土壤	庭院配置
7	红叶橡皮树	桑科	榕属	常绿乔木	四季常青，树形优美	喜光、稍耐阴，喜温暖湿润微酸或微碱性土壤	庭院配置
8	桂花	木犀科	木犀属	常绿乔木	有生长势强、枝干粗壮、叶形较大，秋季开花，芳香四溢	喜温暖，抗逆性强，既耐高温，也较耐寒	庭院配置

（续表）

序号	中文名	科	属	形态	观赏特性	习性	应用
9	扁桃	蔷薇科	李属 扁桃亚属	常绿阔叶乔木	树姿开张，枝条弯曲	喜光，喜深厚肥沃微酸性土壤	配植池畔、草坪中或庭院
10	樟树	樟科	樟属	常绿 大乔木	树冠广卵形	光照充足、气候温暖、湿润的环境下长势良好，对寒冷的耐性不强	庭阴树
11	乐昌 含笑	木兰科	含笑属	常绿乔木	树干挺拔，树荫浓郁，花香醉人	喜温暖、湿润的气候	可孤植或丛植于园林中，亦可作行道树
12	洋紫荆	豆科	羊蹄甲属	落叶乔木	树皮暗褐色，近光滑	喜光，不甚耐寒，喜肥厚、湿润的土壤	庭院观赏植物
13	羊蹄甲	豆科	羊蹄甲属	常绿乔木	托叶常早落；单叶	喜光，喜温暖湿润气候	风景树
14	木棉	木棉科	木棉属	落叶 大乔木	树皮灰白色，幼树的树干	喜光，适应性强	可植为园庭观赏树，行道树
15	美丽 异木棉	木棉科	吉贝属	落叶乔木	树冠呈伞形，叶色青翠	喜高温多湿气候，略耐旱瘠，忌积水	庭院绿化和美化的高级树种，可用作高级行道树和园林造景
16	大腹 木棉	木棉科	异木棉属	落叶 大乔木	树干直立，树冠层呈伞形，叶色青翠	喜温暖干燥和阳光充足环境，不耐寒，稍耐湿，忌积水	优良的观花乔木，是庭院绿化和美化的高级树种。也可作为高级行道树
17	南洋楹	豆科	合欢属	常绿 大乔木	树干通直，树皮灰青至灰褐色	阳性树种，不耐阴，喜暖热多雨气候及肥沃湿润土壤	庭园树和行道树
18	苦楝	楝科	楝属	落叶乔木	材质坚软适中，纹理美观，不变形	适应性强，耐干旱瘠薄，不耐水渍	宜作庭阴树、行道树、疗养林的树种，也是工厂绿化的好树种

（续表）

序号	中文名	科	属	形态	观赏特性	习性	应用
19	麻楝	楝科	麻楝属	落叶乔木	老茎树皮纵裂，幼枝赤褐色，无毛，具苍白色的皮孔	阳性，喜光树种，幼树耐阴，抗寒性较强	宜作庭阴树、行道树、疗养林的树种，也是工厂绿化的好树种
20	大花紫薇	千屈菜科	紫薇属	落叶乔木	树皮灰色，平滑；小柱圆柱形，无毛或微被糠秕状毛	喜温暖湿润	可以作为行道树，在建筑物附近、草坪边缘栽植均有良好的绿化美化效果
21	小叶紫薇	千屈菜科	紫薇属	落叶灌木或小乔木	枝干无毛或顶端被微毛，节处膨大，有时小枝在节处成束状簇生	喜光、喜温暖湿润气候	在园林绿化中被广泛配植于公园、道路、住宅区、工矿区环境，也可制作树桩或盆景
22	白千层	桃金娘科	白千层属	常绿乔木	树皮灰白色，厚而松软，呈薄层状剥落；嫩枝灰白色	喜温暖潮湿环境，要求阳光充足，适应性强，耐干旱、高温及瘠瘦土壤，亦可耐轻霜及短期0℃左右的低温	庭院观赏植物
23	红千层	桃金娘科	红千层属	常绿乔木	树皮坚硬，嫩枝有棱，初时有长丝毛，不久变无毛，花形奇特，色彩鲜艳美丽	喜温暖潮湿环境	具有很高的观赏价值，被广泛应用于公园、庭院及街边绿地
24	广玉兰	木兰科	木兰属	常绿乔木	树姿端正，树形优美，花大清香；树皮灰褐色；幼枝密生绒毛，后变灰褐色	生长喜光，而幼时稍耐阴，喜温湿气候	是优良环保的庭院树，适合厂矿绿化
25	小叶榄仁	使君子科	诃子属	落叶大乔木	主干直立，冠幅2～5m，侧枝轮生呈水平展开，树冠层伞形，层次分明，质感轻细	抗病虫害、抗强风吹袭、耐贫瘠	可用作行道树、景观树，孤植、列植或群植皆宜

（续表）

序号	中文名	科	属	形态	观赏特性	习性	应用
26	铁刀木	豆科	决明属	常绿乔木	枝叶苍翠、叶茂花美、开花期长	耐水湿，不受虫害	可用作园林、行道树及防护林树种
27	双翼豆	云实科	盾柱木属	落叶乔木	广阔的伞形树冠	阳性植物，需强光	常作为路旁树
28	凤凰木	豆科	凤凰木属	落叶乔木	由于树冠横展而下垂，浓密阔大而招风	喜高温多湿和阳光充足环境	绿化、美化和香化环境的风景树
29	金凤树	豆科	凤凰木属	落叶乔木	树干光滑，灰白色或淡灰色	性喜高温，喜阳，日照需充足，耐半阴	可作行道树、庭园绿荫树，亦可做观赏
30	银桦	山龙眼科	银桦属	常绿大乔	树干笔直，树形美观	喜光，喜温暖、湿润气候、根系发达	风景树和行道树
31	秋枫	大戟科	秋枫属	常绿或半常绿大乔木	树干圆满通直，老树皮粗糙，内皮纤维质，小枝无毛	稍耐阴，喜水湿	树叶繁茂，宜作庭园树和行道树
32	海南红豆	豆科	红豆属	常绿乔木或灌木	叶厚重，色浓绿，具光泽，枝叶茂密	喜欢温暖湿润、光照充足的环境	生态树种
33	无忧树	豆科	无忧花属	常绿乔木	树姿雄伟，叶大翠绿；花序大型	喜温暖、湿润的亚热带气候，不耐寒	适合作园林主景、林阴道及市区行道树，是绿化、美化、彩化三结合的园林树种
34	尖叶杜英	杜英科	杜英属	常绿乔木植物	树皮灰色；小枝粗壮	喜温暖、湿润的亚热带气候	在园林、路口、林缘等种植，也可作行道树和庭阴树
35	朴树	榆科	朴属	落叶乔木	树皮平滑，灰色；一年生枝被密毛	喜光，稍耐阴，耐寒，适温暖湿润气候	适合公园、庭院、街道、公路等作为阴树，是很好的绿化树种，也可以用来防风固堤

（续表）

序号	中文名	科	属	形态	观赏特性	习性	应用
36	澳洲鸭脚木	五加科	鹅掌柴属	常绿乔木	叶片宽大，且柔软下垂，形似伞状；枝叶层层叠叠，株型优雅	喜欢温暖湿润、通风和明亮光照	在园林、路口、林缘等种植
37	桃花心木	楝科	桃花心木属	常绿大乔木	树皮淡红色，鳞片状；枝条广展	阳性深根性树种，性喜温暖，喜阳光，较耐旱	树形美观，是优良的庭阴树和行道树
38	罗汉松	罗汉松科	罗汉松属	常绿针叶乔木	树皮灰色或灰褐色，浅纵裂，成薄片状脱落；枝开展或斜展，较密	喜温暖湿润气候，生长适温15～28℃；耐寒性弱，耐阴性强	是庭院和高档住宅的首选绿化树种
39	柳杉	杉科	柳杉属	常绿乔木	树冠狭圆锥形或圆锥形；树皮红棕色，纤维状，裂成长条片状脱落	中等喜光；喜欢温暖湿润、云雾弥漫、夏季较凉爽的山区气候	作庭阴树，也适于公园或作行道树
40	竹柏	罗汉松科	竹柏属	常绿乔木	枝条开展或伸展，树冠广圆锥形	喜欢温暖，耐阴	广泛用于庭园、住宅小区、街道等地段绿化的优良风景树
41	女贞	木犀科	女贞属	常绿灌木或乔木	枝叶茂密，树形整齐	耐寒性好，耐水湿，喜温暖湿润气候，喜光耐阴	女贞四季婆娑，枝干扶疏，枝叶茂密，树形整齐，是园林中常用的观赏树种，可于庭院孤植或丛植，亦作为行道树
42	鹅掌楸	木兰科	鹅掌楸属	落叶大乔木	鹅掌楸树形端正雄伟，叶形奇特石雅，花大而美丽	喜光及温和湿润气候，有一定的耐寒性，喜深厚肥沃	是珍贵的行道树和庭园观赏树种，栽种后能很快成阴
43	白栎	壳斗科	栎属	落叶乔木或灌木状	高可达20m，树皮灰褐色，萌芽力强，树形优美，秋季其叶片季相变化明显，具有较高的观赏价值	喜光及温和湿润气候	可以作为园林绿化树种；可通过孤植、丛植或群植，展示个体美或群体美

（续表）

序号	中文名	科	属	形态	观赏特性	习性	应用
44	喜树	蓝果树科	喜树属	高大落叶乔木	高达20m；树皮灰色	喜温暖湿润，不耐严寒和干燥	庭园树或行道树
45	豆梨	蔷薇科	梨属	落叶乔木	高5～8m；小枝粗壮，圆柱形，在幼嫩时有绒毛	喜光，稍耐阴，不耐寒，耐干旱、瘠薄	庭园树
46	紫叶李	蔷薇科	李属	落叶小乔木	高可达8m；多分枝，枝条细长	喜阳光、温暖湿润气候，有一定的抗旱能力	建筑物前及园路旁或草坪角隅处栽植
47	碧桃	蔷薇科	桃属	落叶小乔木	树冠广卵形，树皮灰褐色	性喜阳光，耐旱，不耐潮湿的环境	广泛用于湖滨、溪流、道路两侧和公园
48	人面子	漆树科	人面子属	常绿大乔木	树干通直，树姿优美庄重，枝叶茂密，叶色四季翠绿光鲜，冠幅美观	喜光，圃地应选择避风向阳、水源充足	适合作行道树或广场孤植、对植的优良树种
49	台湾相思	豆科	金合欢属	常绿乔木	高6～15m，无毛；枝灰色或褐色，无刺	性喜温暖，喜阳光	遮阴树、行道树、园景树、防风树、护坡树
50	火力楠	木兰科	含笑属	常绿乔木	树形美观，枝叶繁茂，花香浓郁，是园林中优良的观花乔木	喜温暖湿润的气候，喜光稍耐阴	适宜广场绿化、庭院绿化及道路绿化，单植、丛植、群植和列植均宜
51	黄槐决明	豆科	决明属	常绿乔木	高5～7m；分枝多，小枝有肋条；树皮颇光滑，灰褐色	喜温暖湿润的气候	适植于庭园和绿地或植作行道树。路边、池畔或庭前绿化，常作绿篱和庭园观赏植物

表2　辅助树种

序号	中文名	科	属	形态	观赏特点	习性	应用
1	杧果	漆树科	杧果属	常绿乔木	树冠浓密，树形优美，寿命长	喜温暖，不耐寒霜	果树
2	龙眼	无患子科	龙眼属	常绿乔木	树姿挺秀，叶荫浓	阳性树种，要求阳光充足	风景林、用材林
3	荔枝	无患子科	荔枝属	常绿乔木	树冠丰满，秋季开花，香气浓意	喜光，喜湿润和排水良好的沙质土壤，喜肥	果树
4	苹婆	梧桐科	胡颓子属	常绿灌木	叶背银白色，果红色	喜光，耐半阴，耐干旱，耐水湿，抗性强	庭院配植
5	菩提树	蔷薇 桑科	枇杷 榕属	常绿乔木	树冠美观，叶大荫浓，果实黄色	喜光、稍耐阴，稍耐寒，喜肥沃、排水良好的土壤	配植在庭园中，作庭荫树
6	假苹婆	忍冬 梧桐科	荚蒾 苹婆属	落叶灌木	叶形美观，入秋叶变为红色；果熟时，累累红果	喜光，稍耐阴，耐寒，在微酸性肥沃土壤生长较好	适合于山跛、林缘和庭院配植
7	蓝花楹	紫葳科	蓝花楹属	落叶乔木	高达15m。叶对生，为2回羽状复叶	喜阳光充足和温暖、多湿气候	园林中赏叶、观果树种
8	海南蒲桃	桃金娘科	蒲桃属	常绿乔木	高5m；嫩枝圆形，干后褐色，老枝灰白色	喜温暖气候，较耐寒，稍耐阴，喜酸性土壤	适用于生态公益林的营造或改造，园林绿化和速生丰产商品用材林的营造上
9	黄花风铃木	紫葳科	风铃木属	落叶乔木	树形美观、花色艳丽，树皮有深刻裂纹，小叶片对生，五叶轮生	生长快，适应性强	可作行道树、庭院树，是优秀的园林绿化树种
10	黄槐	苏木科	决明属	常绿乔木或灌木	高达10m。偶数羽状复叶，叶柄及总轴基部有腺体	喜高温、多湿及阳光充足。不耐阴，耐瘠薄，较耐干旱，畏涝，生长适温为18～28℃，可耐低温	常用作行道树

（续表）

序号	中文名	科	属	形态	观赏特点	习性	应用
11	白玉兰	木兰科	含笑属	常绿乔木	花洁白清香、夏秋间开放，花期长，叶色浓绿	喜光照，怕高温，不耐寒，适合于微酸性土壤	在南方可露地庭院栽培，是南方园林中的骨干树种
12	黄山栾树	无患子科	栾树属	常绿灌木或小乔木	春白花，秋冬红果	阳性，喜温暖气候，不耐寒，耐修剪	基础种植、丛植、花篱
13	南洋杉	南洋杉科	南洋杉属	常绿乔木	在原产地高达60～70m，胸径达1m以上，树皮灰褐色或暗灰色	喜暖湿气候，不耐干旱与寒冷	宜独植，作为园景树或纪念树，亦可作行道树
14	铁冬青	冬青科	冬青属	常绿灌木或乔木	树皮灰色至灰黑色；叶薄革质、椭圆形、全缘，叶面有光泽	耐阴，喜生于温暖湿润气候和疏松肥沃	在园林中宜丛植于草坪、土丘、山坡，适宜在园林中孤植或群植
15	花石榴	石榴科	石榴属	落叶灌木或小乔木	树冠丛状自然圆头形	喜阳光充足和干燥环境，耐干旱，不耐水涝，不耐阴	孤植、丛植于庭院绿地，或列植于小道溪旁等
16	龙船花	茜草科	龙船花属	常绿灌木或小乔木	植株低矮，花叶秀美，花色丰富	较适合高温及日照充足的环境，喜湿润炎热	龙船花在园林中用途很多，少量品种可用于切花
17	盆架子	夹竹桃科	鸡骨常山属	常绿乔木	高达20m；枝轮生，具乳汁，无毛	喜湿润空气，耐阴也耐强光	为优良的行道树种
18	幌伞枫	五加科	幌伞枫属	常绿乔木	树冠圆整，行如罗伞，羽叶巨大，奇特，为优美的观赏树种	喜光，喜温暖湿润气候；亦耐阴，不耐寒	大树可供庭荫树及行道树，幼年植株也可盆栽观赏
19	鹤望兰	芭蕉科	鹤望兰属	多年生草本植物	四季常青，植株别致，具清晰、高雅之感	喜温暖、湿润、阳光充足的环境，畏严寒	可从植于院角，用于庭院造景和花坛、花境的点缀

（续表）

序号	中文名	科	属	形态	观赏特点	习性	应用
20	旅人蕉	旅人蕉科	旅人蕉属	常绿乔木	树干像棕榈，高5～6m。叶2行排列于茎顶	生长习性喜温暖、向阳环境，适生温度为15～30℃，要求在夜间温度不能低于8℃	可作为大型庭园观赏植物，用于庭院绿化，地栽孤植、丛植或列植均可
21	加拿利海枣	棕榈科	刺葵属	常绿乔木	呈乔木状，高达35m，茎具宿存的叶柄基部，上部的叶斜升，下部的叶下垂，形成一个较稀疏的头状树冠	耐高温、耐水淹、耐干旱、耐盐碱	常植于公园、庭园的风景树。可盆栽作室内布置，也可室外露地栽植
22	银海枣	棕榈科	刺葵属	常绿乔木	高达16m，叶密集成半球形树冠；叶长3～5m，完全无毛	性喜高温湿润环境，喜光照，有较强抗旱力	景观树，或列植为行道树
23	美丽针葵	棕榈科	刺葵属	常绿乔木	株形丰满，枝叶拱垂似伞形，细密的羽状复叶潇洒飘逸	较耐阴、耐旱、耐瘠	行道树和园林绿化树种
24	棕竹	棕榈科	棕竹属	常绿观叶植物	丛生灌木，高2～3m，茎干直立圆柱形，有节	喜温暖湿润及通风良好的半阴环境，不耐积水，极耐阴，畏烈日	丛植于庭院内大树下或假山旁
25	金山棕	棕榈科	棕竹属	常绿观叶植物	丛生灌木，高2～3m，甚至更高	性喜温暖湿润、半阴和通风良好的环境；忌烈日暴晒	优良的园林及室内观赏植物
26	大王椰子	棕榈科	王棕属	常绿乔木	直立叶痕不明显，叶簇生于干顶，叶片大，长达3m以上，叶鞘长大	高温高湿半阴环境中生长较快，怕阳光直射，在烈日下其叶色会变淡或变黄	广泛作行道树和庭园绿化树种
27	董棕	棕榈科	鱼尾葵属	常绿乔木	树势挺拔，叶色葱茏，适于四季观赏	喜欢湿润的气候环境，要求生长环境的空气相对湿度在70%～80%，空气相对湿度过低，会使叶尖干枯	适合于公园、绿地中孤植使用

（续表）

序号	中文名	科	属	形态	观赏特点	习性	应用
28	鱼尾葵	棕榈科	鱼尾葵属	常绿乔木	树姿优美潇洒，叶片翠绿，形奇特	喜疏松、肥沃、富含腐殖质的中性土壤，不耐盐碱，也不耐强酸，不耐干旱瘠薄，也不耐水涝	可作庭园绿化植物
29	散尾葵	棕榈科	散尾葵属	常绿乔木	茎干光滑，黄绿色，无毛刺，嫩时披蜡粉，上有明显叶痕	喜温暖湿润、半阴且通风良好的环境，怕冷，耐寒力弱	多作观赏树栽种于草地、树荫、宅旁
30	老人葵	棕榈科	棕榈属	常绿乔木	树干挺直， 叶大如扇，	喜温暖、湿润、向阳的环境	列植作行道树，给人以威武雄壮之感
31	蒲葵	棕榈科	蒲葵属	常绿乔木	树冠伞形，叶大如扇	喜温暖湿润的气候条件，不耐旱，能耐短期水涝，惧怕北方烈日曝晒	不但是一种庭园观赏植物和良好的四旁绿化树种，也是一种经济林树种
32	鹅掌柴	五加科	鹅掌柴属	常绿灌木	高2～15m，胸径可达30cm以上；小枝粗壮	喜温暖、湿润、半阳环境	可庭院孤植，是南方冬季的蜜源植物
33	变叶木	大戟科	变叶木属	常绿灌木	叶薄革质，形状大小变异很大	喜高温、湿润和阳光充足的环境，不耐寒	多用于公园、绿地和庭园美化，既可丛植，也可作绿篱
34	栀子花	茜草科	栀子属	常绿灌木	枝叶繁茂，叶色四季常绿	喜温暖湿润和阳光充足环境，较耐寒，耐半阴，怕积水，要求疏松、肥沃和酸性的沙壤土	可成片丛植或配置于林缘、庭前、庭隅、路旁，植作花篱也极适宜，作阳台绿化、盆花、切花或盆景都十分适宜，也可用于街道和厂矿绿化
35	龟背竹	天南星科	龟背竹属	多年生草本	龟背竹叶形奇特，孔裂纹状，极像龟背	喜温暖湿润，较遮阴的生态环境，忌强光暴晒与干燥，不耐寒	是室内大型盆栽观叶植物

（续表）

序号	中文名	科	属	形态	观赏特点	习性	应用
36	海芋	天南星科	海芋属	多年生草本	茎粗壮，粗达30cm；叶互生	喜温暖湿润，较遮阴	庭院绿化
37	肾蕨	肾蕨科	肾蕨属	多年生草本	根状茎直立，被蓬松的淡棕色长钻形鳞片，下部有粗铁丝状的匍匐茎向四方横展，匍匐茎棕褐色，不分枝，疏被鳞片，有纤细的褐棕色须	喜温暖潮湿的环境	在园林中可作阴性地被植物或布置在墙角、假山和水池边
38	扶桑	锦葵科	木槿属	常绿大灌木或小乔木	扶桑鲜艳夺目的花朵，朝开暮萎，姹紫嫣红	喜温暖湿润气候，不耐寒霜，不耐阴	庭院绿化
39	杜鹃	杜鹃花科	杜鹃属	常绿灌木	枝繁叶茂，绮丽多姿，萌发力强，耐修剪	喜凉爽、湿润、通风的半阴环境	庭院绿化
40	华南黄杨	黄杨科	黄杨属	常绿灌木或小乔木	分蘖性极强，耐修剪，易成型。秋季光照充分并进入休眠状态后，叶片可转为红色	喜肥饶松散的壤土，微酸性土或微碱性土均能适应	多生山谷、溪边、林下
41	金丝桃	藤黄科	金丝桃属	常绿或半常绿灌木	可植于林荫树下，或者庭院角隅等	温带树种，喜湿润半阴之地	生于山坡、路旁或灌丛中
42	三药槟榔	棕榈科	槟榔属	常绿小乔木或灌木	茎丛生，高3～4m或更高，直径2.5～4cm，具明显的环状叶痕	性喜温暖、湿润和背风、半荫蔽的生态环境	最适宜于热带、南亚热带地区的庭院、公园作绿化美化栽培
43	木芙蓉	锦葵科	木槿属	落叶灌木或小乔木	高2～5m；小枝、叶柄、花梗和花萼均密被星状毛与直毛相混的细绵毛	喜光，稍耐阴；喜温暖湿润气候，不耐寒	庭院绿化

（续表）

序号	中文名	科	属	形态	观赏特点	习性	应用
44	胡枝子	豆科	胡枝子属	小灌木	直立灌木，高1～3m，多分枝	耐旱、耐瘠薄、耐酸性、耐盐碱、耐刈割	于山坡、路旁或灌丛中
45	金银木	忍冬科	忍冬属	落叶灌木	有5枚雄蕊，花两性，整齐或不整齐，花冠合瓣，管状或轮生	喜温暖的环境，亦较耐寒	林中或林缘溪流附近的灌木丛中
46	木本绣球	忍冬科	荚蒾属	落叶或半常绿灌木	枝广展，树冠半球形	喜光，喜温暖湿润气候，略耐阴	宜配植在堂前屋后，墙下窗外，也可丛植于路旁林缘等处。琼花地配置可参照绣球花，常作观花观果树种，或作绣球花砧木
47	火焰木	紫葳科	火焰树属	常绿大乔木	开花时花朵多而密集，花色猩红，花姿艳丽，形如火焰，尤其满树开花的景象更为壮观	生性强健，性喜高温	珍贵的热带木本花卉和优良的风景观赏树种
48	黄金榕	桑科	榕属	常绿小乔木	树冠广阔，高3～6m，树干多分枝	属阳性植物，需强光	适合作行道树、园景树、绿篱树或修剪造型
49	串线柳	桃金娘科	红千层属	常绿小乔木	叶灰绿色至浓绿，花如瓶刷子	喜阳，喜湿，种于水岸边摇曳生姿	常用作行道树或园景树
50	华南珊瑚树	忍冬科	荚蒾属	常绿灌木或小乔木	白花，花期5～6月，芳香，核果，由红变黑，果熟9～10月	中性，喜暖湿，抗污染，防火	高篱、防护树种
51	软刺针葵	棕榈科	刺葵属	常绿灌木	叶细密丰满，翠绿明亮，弯曲下垂，飘逸动人	喜温暖湿润的环境，较耐阴、耐旱、耐瘠薄	常被安排在水边草地上

表3 补充树种

序号	中文名	科	属	形态	观赏特点	习性	应用
1	腊肠树	豆科	决明属	落叶小乔木或中等乔木	高可达15m；枝细长；树皮幼时光滑	喜温树种， 有霜冻害地区不能生长	适于在公园、水滨 、庭园等处与红色花木配置种植，也可2～3株成小丛种植，自成一景。热带地区也可作行道树
2	鸡蛋花	夹竹桃科	鸡蛋花属	落叶小乔木	高约5m，最高可达8.2m，胸径15～20cm；枝条粗壮	阳性树种，喜高温、湿润和阳光充足的环境	适合于庭院、草地中栽植，也可盆栽、可入药
3	山茶	山茶科	山茶属	灌木或小乔木	高9m，嫩枝无毛。叶革质，椭圆形	喜温暖、湿润和半阴环境；怕高温，忌烈日	适合于庭院
4	灰莉	马钱科 龙胆科	灰莉属	常绿乔木或灌木	高达15m，有时附生于其他树上呈攀缘状灌木；树皮灰色	喜阳光，耐旱，耐阴，耐寒力强，在南亚热带地区终年青翠碧绿，长势良好	抗污染能力强，适合于道路隔离带、交通主干道道路、林带以及景观节点等地的绿化
5	琴叶珊瑚	大戟科	麻疯树属 麻风树属	常绿灌木	单叶互生，倒阔披针形，常从生于枝条顶端	喜高温湿润环境，不甚耐寒与干燥；喜光照充足的环境，稍耐半阴，土质以富含有机质的酸性砂质壤土为佳	公园、风景区、庭院、居住区、道路等适宜栽植
6	希茉莉	茜草科	长隔木属	常绿灌木	分枝能力强，树冠广圆形	性喜高温、高湿、阳光充足的气候条件，喜土层深厚、肥沃的酸性土壤，耐荫蔽，耐干旱，忌瘠薄，畏寒冷	园林配植，亦可盆栽观赏

（续表）

序号	中文名	科	属	形态	观赏特点	习性	应用
7	茉莉	木犀科	素馨属	常绿小灌木或藤本状灌木	花色洁白，香味浓厚，为常见庭园及盆栽观赏的芳香花卉	喜温暖湿润，在通风良好、半阴环境生长最好	适宜篱垣、廊架的垂直绿化
8	鸳鸯茉莉	茄科	鸳鸯茉莉属	常绿灌木	单叶互生，椭圆形至矩圆形，先端渐尖，全缘	喜高温、湿润、光照充足的气候条件；喜疏松肥沃、排水良好的微酸性土壤，耐半阴，耐干旱，耐瘠薄，忌涝，畏寒冷	庭院树木，温带地区只能盆栽观赏
9	酒瓶兰	龙舌兰科	酒瓶兰属	常绿小乔木	其地下根肉质，茎干直立，状似酒瓶；膨大茎干具有厚木栓层的树皮，呈灰白色或褐色	喜温暖、湿润及日光充足环境，较耐旱、耐寒	多种规格盆栽作为室内装饰；以精美盆钵种植小型植株，置于案头、台面，显得优雅清秀；以中大型盆栽种植，来布置厅堂、会议室、会客室等处，极富热带情趣，颇耐欣赏
10	桫椤	桫椤科	桫椤属	蕨类植物	树形美观，树冠犹如巨伞，虽历经沧桑却万劫余生，依然茎苍叶秀，高大挺拔	喜温暖潮湿气候，喜生长在冲积土中或山谷溪边林下	庭园观赏树木
11	苏铁	苏铁科	苏铁属	常绿乔木	树干高约2m，稀达8m或更高，圆柱形如有明显螺旋状排列的菱形叶柄残痕	喜暖热湿润的环境，不耐寒冷，生长甚慢	南方多植于庭前阶旁及草坪内；北方宜作大型盆栽，布置庭院屋廊及厅室，殊为美观
12	福建茶	紫草科	基及树属	常绿灌木	树姿苍劲挺拔，茎干直立，冰肌玉质的白色小花，枝干密集仰卧斜出	性喜温暖湿润和阳光照射的环境	生长于低海拔平原、丘陵及空旷灌丛处；多作盆栽观赏

（续表）

序号	中文名	科	属	形态	观赏特点	习性	应用
13	龙血树	龙舌兰科	龙血树属	常绿灌木	树干短粗，表面为浅褐色，较粗糙，能抽出很多短小粗壮的树枝	喜阳光充足，也很耐阴。喜高温多湿环境，宜室内栽培。只要温度条件合适，一年四季均处于生长状态	大型植株可布置于庭院、大堂、客厅，小型植株和水养植株适于装饰书房、卧室等
14	朱蕉	龙舌兰科 百合科	朱蕉属	常绿灌木	高1～3m。茎粗1～3cm，有时稍分枝。叶聚生于茎或枝的上端，绿色或带紫红色，叶柄有槽，抱茎	喜高温多湿气候，属半阴植物	用于庭园栽培，为观叶植物
15	斑叶露兜	露兜树科	露兜树属	木本观叶植物	叶带形，革质，紧密螺旋状着生，叶边缘黄色	喜高温多湿气候	为美化庭园的优良木本观叶植物
16	金凤花	豆科 凤仙花科	云实属 凤仙花属	常绿灌木	枝光滑，绿色或粉绿色，散生疏刺	热带树种，喜高温高湿的气候环境，耐寒力较低	用于庭园栽培

表4　地被植物

序号	中文名	科	属	形态	观赏特性	习性	应用
1	络石	夹竹桃科	络石属	常绿 木质藤本	茎赤褐色，圆柱形，有皮孔；小枝被黄色柔毛	喜阳，耐践踏，耐旱，耐热，耐水淹，具有一定的耐寒力	在园林中多作地被或盆栽观赏，为芳香花卉
2	一叶兰	百合科	蜘蛛 抱蛋属	多年生 常绿草本 观叶植物	根状茎直立，被蓬松的淡棕色长钻形鳞片，下部有粗铁丝状的匍匐茎向四方横展	喜温暖湿润、半阴环境，较耐寒，极耐阴	阴性地被植物或布置在墙角
3	水鬼蕉	石蒜科	水鬼蕉属	多年生 鳞茎草本 植物	叶基生，倒披针形，先端急尖	喜温暖湿润，不耐寒；喜肥沃的土壤，喜阳光，攀爬得越高，就越有利于获得充裕的光照	叶姿健美，花形别致。适合盆栽观赏，可用于庭院布置或花境、花坛用材

（续表）

序号	中文名	科	属	形态	观赏特性	习性	应用
4	鸢尾	鸢尾科	鸢尾属	多年生草本	叶片碧绿青翠，花形大而奇，宛若翩翩彩蝶	喜阳光充足，气候凉爽，耐寒力强，亦耐半阴环境	庭园中的重要花卉之一，也是优美的盆花、切花和花坛用花
5	韭兰	石蒜科	葱莲属	多年生草本	植株低矮，根系发达，覆盖效果较快	生性强健，耐旱，抗高温	可以作为花坛、花径或者草地的镶边材料
6	葱兰	石蒜科	葱莲属	多年生常绿草本	鳞茎卵形，直径约2.5cm，具有明显的颈部	喜阳光充足，耐半阴	常用作花坛的镶边材料，也宜绿地丛植，最宜作林下半阴处的地被植物，或于庭院小径旁栽植
7	大花萱草	百合科	萱草属	宿根草本植物	园林花坛、花境、路边、草坪中丛植、行植或片植，也可作切花，是园林绿化的好材料	耐旱、耐寒、耐积水、耐半阴、耐盐碱和耐瘠薄	是园林绿化中的好材料，不仅可以用在花坛、花境、路缘、草坪、树林、草坡等处营造自然景观
8	阔叶麦冬	禾本科	地毯草属	多年生草本植物	具长匍匐枝。秆压扁，高8～60cm，节密生灰白色柔毛	喜温暖潮湿的环境	良好的保土植物；又因秆叶柔嫩，为优质牧草
9	银边麦冬	禾本科	簕竹属	多年生常绿单子叶植物	植株较高大，高3～6m，竿中空	喜酸性、微酸性或中性土壤	适于在庭院中墙隅、屋角、门旁配植，植株较小的凤尾竹可栽植于花台上
10	沿阶草	棕榈科 百合科	散尾葵属 沿阶草属	从生常绿灌木或小乔木	叶柄稍弯曲，先端柔软	喜温暖湿润、半阴且通风良好的环境，怕冷，耐寒力弱	多作观赏树栽种于草地、树荫、宅旁

（续表）

序号	中文名	科	属	形态	观赏特性	习性	应用
11	马尼拉	禾本科	结缕草属	暖季型草坪	草本，地生，半细叶，总状花序；翠绿色，分蘖能力强，观赏价值高	喜温暖、湿润环境，草层茂密，分蘖力强，覆盖度大，抗干旱、耐瘠薄	广泛用于铺建庭院绿地、公共绿地及固土护坡场合
12	大叶油草	禾本科	地毯草属	多年生草本植物	长匍匐枝。秆压扁，高可达60cm，叶鞘松弛，压扁，叶片扁平	喜温暖、湿润环境	植物体平铺地面成毯状，故称地毯草，为铺建草坪的草种，根有固土作用，是一种良好的保土植物；又因秆叶柔嫩，为优质牧草
13	吊竹梅	鸭跖草科	吊竹梅属	常绿草本植物	多年生草本，茎匍匐或外倾，通常形成紧密的垫席或群体	喜阴湿地，怕阳光暴晒	叶形似竹、叶片美丽常以盆栽悬挂室内，观赏其四散柔垂的茎叶
14	吉祥草	百合科	吉祥草属	多年生常绿草本植物	植株造型优美，叶色翠绿	耐寒、耐阴	生于阴湿山坡、山谷或密林下，海拔170～3200m。株形优美，叶色青翠，是非常好的家庭装饰花卉
15	酢浆草	酢浆草科	酢浆草属	多年生草本植物	多年生草本植物	喜向阳、温暖、湿润的环境	可用于山坡草池、河谷沿岸、路边、田边、荒地或林下阴湿处

四、北亚热带落叶、常绿阔叶混交林区

区域内主要城市：南京、扬州、镇江、南通、常州、无锡、苏州、合肥、芜湖、安庆、淮南、襄樊、十堰。

表1 骨干树种

序号	中文名	科	属	形态	观赏特性	习性	应用
1	樟树	樟科	樟属	常绿乔木	树干通直整齐，枝叶茂密	喜光，喜温暖湿润气候及微酸性土壤	行道树、庭荫树
2	栾树	无患子科	栾树属	落叶乔木	夏季黄花满树、秋季鲜黄，果色艳丽	喜光，耐半阴，耐干旱、瘠薄	行道树、庭荫树、风景树
3	枫杨	胡桃科	枫杨属	落叶乔木	树冠宽广	喜光，喜温暖湿润气候，耐寒，对土壤要求不严	行道树、固堤防风林
4	榆树	榆科	榆属	落叶乔木	树姿优美，枝叶茂密	阳性树种，喜光，耐旱，耐寒，耐瘠薄	造林或“四旁”绿化树种
5	椤木石楠	蔷薇科	石楠科	常绿乔木	枝繁叶茂，初夏白花点点；秋末赤实累累，艳丽夺目	喜光，喜温暖湿润气候，要求土层深厚、肥沃的土壤，	园林和小庭园中很好的骨干树种，特别耐大气污染
6	女贞	木犀科	女贞属	常绿乔木	四季常青，树形优美	喜光、稍耐阴，喜温暖湿润微酸或微碱性土壤	庭院配置
7	朴树	榆科	朴科	落叶乔木	树姿优美	喜光，适应性强，有一定的抗旱能力	庭荫树
8	榉树	榆科	榉属	落叶乔木	树姿优美，秋季夜色变红，十分艳丽	喜光，喜温暖气候和肥沃湿润土壤	行道树、庭荫树

（续表）

序号	中文名	科	属	形态	观赏特性	习性	应用
9	乌桕	大戟科	乌桕属	落叶乔木	秋叶红艳，绚丽诱人	喜光，喜深厚肥沃的微酸性土壤	配植池畔、草坪中或庭院
10	臭椿	苦木科	臭椿属	落叶乔木	树干耸直，姿态美观	喜光，耐干旱瘠薄，不耐水湿，抗性强	庭荫树、行道树
11	青冈栎	壳斗科	青冈属	常绿乔木	树姿优美	耐阴、耐寒，能抗有毒气体，有防火功能	庭荫树、风景树
12	构树	桑科	构属	落叶乔木	枝叶茂密红果艳丽	喜光，稍耐阴，耐干旱瘠薄，不耐水湿，抗烟尘	庭荫树
13	桑树	桑科	桑属	落叶乔木或灌木	树冠宽阔，树叶茂密	喜光，喜温暖湿润气候，耐干旱瘠薄，不耐涝	风景树、庭荫树
14	黄连木	漆树科	黄连木属	落叶乔木	枝密叶繁，秋叶变为橙黄色或鲜红色	喜光，适应性强，耐干旱瘠薄，对二氧化硫和烟的抗性较强；深根性	宜作庭荫树及山地风景树种
15	孝顺竹	禾本科	簕竹属 簕竹属	丛生	翠叶绿秆、丛生茂密	喜温暖湿润气候及排水良好的土壤	场馆外周围环境配植
16	淡竹	禾本科	刚竹属	散生	枝叶婆娑，秀丽可爱	喜肥沃的疏松土壤，在黏重土上生长较差	场馆外周围环境配植

表2　辅助树种

序号	中文名	科	属	形态	观赏特点	习性	应用
1	苦槠	壳斗科	锥属	常绿乔木	树冠浓密，树形优美，寿命长	喜光，喜温暖气候，抗有毒气体，深根性，寿命长，防火	风景林、防护林，常与杉、樟混生

（续表）

序号	中文名	科	属	形态	观赏特点	习性	应用
2	湿地松	松科	松属	常绿乔木	树姿挺秀，叶荫浓	强阳性，喜温暖气候，较耐水湿和碱土，不耐旱，抗风力较强	风景林、用材林
3	桂花	木犀科	木犀属	常绿乔木或灌木	树冠丰满，秋季开花，香气浓意	喜光，喜湿润和排水良好的沙质土壤，喜肥	庭院配置
4	胡颓子	胡颓子科	胡颓子属	常绿灌木	叶背银白色，果红色	喜光，耐半阴，耐干旱，耐水湿，抗性强	庭院配植
5	枇杷	蔷薇科	枇杷属	常绿乔木	树冠美观，叶大荫浓，果实黄色	喜光，稍耐阴，稍耐寒，喜肥沃、排水良好的土壤	配植在庭园中，作庭荫树
6	荚蒾	忍冬科	荚蒾属	落叶灌木	叶形美观，入秋叶变为红色；果熟时，累累红果	喜光，稍耐阴，耐寒，在微酸性肥沃土壤生长较好	适合于山跛、林缘和庭院配植
7	卫矛	卫矛科	卫矛属	落叶灌木	秋叶紫红	喜光，也稍耐阴，能耐干旱、瘠薄和耐寒，对二氧化硫有较强抗性	园林中赏叶、观果树种
8	红花檵木	金缕梅科	檵木属	常绿灌木或小乔木	花叶俱红，十分艳丽	喜温暖气候，较耐寒，稍耐阴，喜酸性土壤	庭园作观赏树或与其他植物片植
9	石楠	蔷薇科	石楠属	常绿灌木或小乔木	早春嫩叶艳红，秋冬又结红果	喜光，喜肥沃湿润土壤，耐寒	园林中孤植、丛植
10	枸骨	冬青科	冬青属	常绿灌木或小乔木	叶形奇特，入秋后红果满枝，艳丽可爱	喜光，喜肥沃的酸性土壤，不耐盐碱，较耐寒	山坡、丘陵等的灌丛中、疏林中以及路边、溪旁
11	阔叶十大功劳	小檗科	十大功劳属	常绿灌木	花黄色，3～4月；果暗蓝色，9～10月	耐阴，喜温暖湿润气候	庭植、绿篱
12	火棘	蔷薇科	火棘属	常绿灌木或小乔木	春白花，秋冬红果	阳性，喜温暖气候，不耐寒，耐修剪	基础种植、丛植、花篱

（续表）

序号	中文名	科	属	形态	观赏特点	习性	应用
13	棣棠	蔷薇科	棣棠属	落叶灌木	花金黄色	喜温暖，喜半阴及略湿之地	庭园配植或挡土墙边种植
14	金钟花	木犀科	连翘属	落叶灌木	早春黄花满枝，先叶开放	喜光，适应性强	庭园配植或挡土墙边种植

表3　补充树种

序号	中文名	科	属	形态	观赏特点	习性	应用
1	紫藤	豆科	紫藤属	落叶藤本	花紫色，且有芳香	喜光，略耐阴，喜深厚肥沃疏松的土壤	棚架绿化
2	常春藤	五加科	常春藤属	常绿藤本	叶四季常青	极耐阴，对土壤要求不严	棚架绿化
3	爬山虎	葡萄科	爬山虎属	落叶藤本	秋季叶色变橙黄色或红色	喜光，喜排水良好的肥沃土壤	建筑物、围墙垂直绿化
4	凌霄	紫葳科	凌霄属	落叶藤本	花冠漏斗状钟形，花色橙红色艳丽	喜温暖向阳，耐阴、耐干旱，适应性较强	适宜篱垣、廊架的垂直绿化
5	络石	夹竹桃科	络石属	常绿藤本	花冠白色，形如风车，有浓香	喜光，稍耐阴，抗性强	庭园垂直绿化或地被
6	野蔷薇	蔷薇科	蔷薇属	蔓性落叶灌木	花色有深红、浅红、白等，花团锦簇、芳香	喜光，亦耐半阴，较耐寒，	植于栅栏、花架、斜坡上
7	忍冬	忍冬科	忍冬科	半常绿藤本		适应性很强，对土壤和气候的选择并不严格	适宜篱垣、廊架的垂直绿化
8	扶芳藤	卫矛科	卫矛属	常绿藤本	叶色油绿，入秋变红	耐阴，喜温暖，抗性强	植于墙面、山石边、花格绿化

表4 地被植物

序号	中文名	科	属	学名
1	贯　众	鳞毛蕨科	鳞毛蕨属	*Dryopteris crassirhizoma* Nakai
2	鳞毛蕨			*Dryopteridaceae* Herter (1949)
3	何首乌	蓼科	何首乌属	*Fallopia multiflora* (Thunb.) Harald
4	红　蓼		蓼属	*Polygonum orientale* Linn
5	阔叶山麦冬	百合科	山麦冬属	*Liriope muscari* (Decne.) L. H. Bailey
6	菝　葜		菝葜属	*Smilax china* L.
7	蓬　蘽	蔷薇科	悬钩子属	*Rubus hirsutus* Thunb.
8	高粱泡			*Rubus lambertianus* Ser.
9	茅　莓			*Rubus parvifolius* L.
10	悬钩子			*Rubus corchorifolius* L. f.
11	蔷　薇		蔷薇属	*Rosa* sp.
12	三叶委陵菜		委陵菜属	*Potentilla freyniana* Bornm
13	三脉紫菀	菊科	紫菀属	*Aster ageratoides* Turcz
14	铁杆蒿		蒿　属	*Artemisia gmelinii* Web. ex Stechm
15	蒲公英		蒲公英属	*Taraxacum mongolicum* Hand.-Mazz
16	繁　缕	石竹科	繁缕属	*Stellaria media* (L.) Cyr.
17	野芝麻	唇形科	野芝麻属	*Lamium barbatum* Sieb. et Zucc

（续表）

序号	中文名	科	属	学名
18	白　英	茄　科	茄　属	*Solanum lyratum* Thunb.
19	臭牡丹	马鞭草科	大青属	*Clerodendrum bungei* Steud.
20	车前草	车前科	车前属	*Plantago depressa* Willd
21	苎　麻	荨麻科	苎　麻	*Boehmeria nivea* (L.) Gaudich.
22	泽　漆	大戟科	大戟属	*Euphorbiahelioscopia* L
23	白　茅	禾本科	白　茅	*Imperata cylindrica* (L.) Beauv.
24	狼尾草		狼尾草	*Pennisetum alopecuroides* (L.) Spreng

五、温带草原区

区域内主要城市：兰州、平凉、阿勒泰、海拉尔、满洲里、齐齐哈尔、阜新、肇东、大庆、西宁、银川、通辽、榆林、呼和浩特、包头、张家口、集宁、赤峰、大同、锡兰浩特。

表1　骨干树种

序号	中文名	科	属	形态	观赏特性	习性	应用
1	青海云杉	松科	云杉属	常绿乔木	叶较粗，四棱状条形，近辐射伸展，或小枝上面之叶直上伸展	耐旱，耐瘠薄，喜中性土壤，忌水涝，幼树耐阴，浅根性树种，抗风力差。喜寒冷潮湿环境	重要森林更新树种和荒山造林树种，亦可作为庭园观赏树
2	鳞皮云杉	松科	云杉属	常绿乔木	一年生枝金黄色或淡褐黄色，稀微有白粉，有毛或无毛	阳性，喜高温多湿气候，耐干旱瘠薄	优质木材原料

（续表）

序号	中文名	科	属	形态	观赏特性	习性	应用
3	紫果云杉	松科	云杉属	常绿乔木	小枝橙黄色，密生短柔毛上有木钉状叶枕	耐阴很强的树种，浅根性	森林更新及荒山造林树种
4	鳞皮冷杉	松科	冷杉属	常绿乔木	一年生枝褐色，有密毛或近无毛，稀无毛，二、三年生枝淡褐灰色或淡灰褐色；冬芽卵圆形，有树脂	强阳性树种，耐阴、耐干旱、耐严寒、喜冷凉气候	园林绿化树种，其枝叶浓密下垂，树姿优美，北方各地栽植为庭园树、风景树、行道树和海崖绿化树种
5	杜松	柏科	刺柏属	常绿灌木或小乔木	树冠圆柱形，老时圆头形	强阳性树种，耐阴、耐干旱、耐严寒、喜冷凉气候	适合在庭院、草地和路旁作第二林层栽植作庭园树
6	西安桧	柏科	刺柏属	常绿乔木	树冠为塔形，枝条紧密，斜上生长	阳性，耐寒，忌水涝	因树势粗壮优美，叶色鲜绿，被广泛用于造园配植，可孤植或从植
7	祁连圆柏	柏科	圆柏属	常绿乔木	生鳞形叶的小枝近方形或圆柱形，直或稍弧状弯曲，直径约1.3mm	喜光、稍耐阴	庭院配置
8	大果圆柏	木犀科 柏科	木犀属 圆柏属	常绿乔木	有生长势强、枝干粗壮、叶形较大，秋季开花，芳香四溢	喜温暖，抗逆性强，既耐高温，也较耐寒	庭院配置
9	塔枝圆柏	柏科	侧柏属 圆柏属	常绿小乔木	高3～10m；树皮褐灰色或灰色，纵裂成条片脱落；树冠密，蓝绿色	喜光，喜深厚肥沃的微酸性土壤	可作高山上部保持水土的造林树种
10	侧柏	樟科 柏科	樟属 侧柏属	常绿乔木	树皮薄，浅灰褐色，纵裂成条片；枝条向上伸展或斜展，幼树树冠卵状尖塔形，老树树冠则为广圆形	喜光，幼时稍耐阴	广泛的园林绿化树种之一，自古以来就常栽植于寺庙、陵墓和庭园中

（续表）

序号	中文名	科	属	形态	观赏特性	习性	应用
11	青甘杨	杨柳科	杨属	落叶乔木	树干通直，树皮灰白色，较光滑，下部色较暗，有沟裂	具有耐土壤瘠薄、耐盐碱、抗风沙的能力	为青海高原高寒干旱荒漠、半荒漠地区环境治理，营造防风固沙林和沙区农田防护林的最佳选择树种
12	康定杨	杨柳科	杨属	落叶乔木	树皮灰白色至灰色，纵裂；枝条具棱，赤褐色至褐色，被柔毛	喜温暖湿润环境	营造防风固沙林和沙区农田防护林
13	银白杨	杨柳科	杨属	落叶乔木	托叶常早落；单叶	喜光，喜温暖湿润气候	木材纹理直，结构细，质轻软，可供建筑、家具、造纸等用。树皮可制栲胶；叶磨碎可驱臭虫；树形高耸，枝叶美观，幼叶红艳，可做绿化树种。也为西北地区平原沙荒造林树种
14	新疆杨	杨柳科	杨属	落叶乔木	窄冠、圆柱形或尖塔形，树皮灰白或青灰色，光滑少裂，基部浅裂	喜光，抗大气干旱，抗风	木材文理通直，结构细致，可供建筑、家具、造纸等用；落叶可喂牛、羊，是南疆农区牧业冬季重要饲料
15	青杨	杨柳科	杨属	落叶乔木	树冠丰满，干皮清丽	喜光，抗大气干旱，抗风	木材纹理直，结构细，质轻柔，加工易，可作家具、箱板及建筑用材，为四旁绿化及防林树种
16	山杨	杨柳科	杨属	落叶大乔木	高可达25m。树皮光滑灰绿色或灰白色，老树基部黑色粗糙；树冠圆形	为强阳性树种，耐寒冷、耐干旱瘠薄土壤	是恢复西北森林植被的好树种

（续表）

序号	中文名	科	属	形态	观赏特性	习性	应用
17	康定柳	杨柳科	柳属	落叶小乔木	树干通直。树皮灰青至灰褐色	阳性树种，不耐阴，喜暖热多雨气候及肥沃湿润土壤	庭园树和行道树
18	旱柳	杨柳科	柳属	落叶乔木	枝细长，直立或斜展，无毛，幼枝有毛	喜光，耐寒，湿地、旱地皆能生长	公园、道路绿化用
19	小叶朴	榆科	朴属	落叶乔木	树皮灰色或暗灰色；当年生小枝淡棕色，老后色较深，无毛，散生椭圆形皮孔，上一年生小枝灰褐色	阳性，喜光树种，幼树耐阴，抗寒性较强	树形美观，树冠圆满宽广，绿荫浓郁，是城乡绿化的良好树种
20	黑榆	榆科	榆属	落叶乔木	落叶乔木或灌木状，高达15m，胸径30cm；树皮浅灰色或灰色	适应性强，耐干旱抗碱性较强。喜光，耐寒，耐干旱	木材可供主要供家具、农具等用。作庭荫树，或列植作行道树
21	春榆	榆科	榆属	落叶灌木或小乔木	翅果无毛，树皮色较深	属阳性树种，其对气候适应性较强	可选作造林树种
22	欧洲白榆	榆科	榆属	落叶乔木	树干通直，枝叶茂密，树冠圆满优美	喜光、耐寒、抗高温	是牧区造林的理想树种
23	榆	榆科	榆属	落叶乔木	树干通直，树形高大，绿荫较浓，适应性强	阳性树种，喜光，耐旱，耐寒，耐瘠薄	生长快，是城市绿化、行道树、庭荫树、工厂绿化、营造防护林的重要树种
24	红桦	桦木科	桦木属	落叶乔木	高可达30m；树皮淡红褐色或紫红色，小枝紫红色，叶片卵形或卵状矩圆形	阳性喜光树种	木材质地坚硬，结构细密，花纹美观，但较脆，可作用具或胶合板，树皮可作帽子或包装用

（续表）

序号	中文名	科	属	形态	观赏特性	习性	应用
25	坚桦	桦木科	桦木属	落叶乔木	树皮暗灰色，纵裂或不开裂。枝灰褐或紫红色，具皮孔	抗病虫害、抗强风吹袭、耐贫瘠等优点	株形优美，可用于园林绿化
26	白桦	桦木科	桦木属	落叶乔木	白桦的叶为单叶互生，叶边缘有锯齿，花为单性	喜欢阳光，生命力强	可用作园林、行道树及防护林树种
27	辽东栎	壳斗科	栎属	落叶乔木	树皮灰褐色，纵裂。幼枝绿色，无毛。叶片倒卵形至长倒卵形	喜光，耐寒	对防止水土流失、改良土壤、抗风防火，保持生态平衡，改善自然环境具有重要作用，是防护林、用材林、经济林和能源林的优良树种
28	栾树	无患子科	栾树属	落叶乔木	树皮厚，灰褐色至灰黑色，老时纵裂；皮孔小，灰至暗褐色；小枝具疣点，与叶轴、叶柄均被皱曲的短柔毛或无毛	喜光，稍耐半阴的植物；耐寒；但是不耐水淹	栾树，除了可作城市景观树之外，还因其栾果能做佛珠用，故寺庙多有栽种
29	国槐	蝶形花科	槐属	落叶乔木	树形高大，其羽状复叶和刺槐相似	喜光，对二氧化硫、氯气等有毒气体有较强的抗性	适作庭荫树，在中国北方多用作行道树
30	白蜡	木犀科	梣属	常绿乔木	其干形通直，树形美观	喜光，对土壤的适应性较强	是工厂、城镇绿化美化的好树种
31	山荆子	蔷薇科	苹果属	落叶乔木	幼树树冠圆锥形，老时圆形，早春开放白色花朵，秋季结成小球形红黄色果实，经久不落，很美丽	喜光，耐寒性极强	可作庭园观赏树种

（续表）

序号	中文名	科	属	形态	观赏特性	习性	应用
32	山杏	蔷薇科	杏属	落叶灌木或小乔木	树皮暗灰色；小枝无毛，稀幼时疏生短柔毛，灰褐色或淡红褐色	适应性强，喜光，根系发达，深入地下，具有耐寒、耐旱、耐瘠薄	其用途广泛，经济价值高，可绿化荒山、保持水土，也可作沙荒防护林的伴生树种。同时可入药，还是滋补佳品。经加工提炼后还是一种高级的油漆涂料、化妆品及优质香皂的重要原料
33	海棠果	蔷薇科	红厚壳属	落叶小乔木	树皮厚，灰褐色或暗褐色，有纵裂缝，创伤处常渗出透明树脂；果皮色泽鲜红夺目，果肉黄白色，果香馥郁，鲜食酸甜香脆	喜温暖、湿润气候	种子含油量20%～30%，种仁含油量为50%～60%，油可供工业用，加工去毒和精炼后可食用，也可供医药用
34	火炬树	漆树科	盐肤木属	落叶小乔木	奇数羽状复叶互生，长圆形至披针形。直立圆锥花序顶生，果穗鲜红色。果扁球形，有红色刺毛，紧密聚生成火炬状	喜光、耐寒，对土壤适应性强，耐干旱瘠薄，耐水湿	在园林、路口、林缘等种植，也可作行道树和庭荫树
35	臭椿	苦木科	臭椿属	落叶乔木	树干通直高大，春季嫩叶紫红色，秋季红果满树	喜光，不耐阴	是良好的观赏树和行道树
36	白蜡	木犀科	鹅掌柴属	常绿乔木	喜欢温暖湿润、通风和明亮光照叶片宽大，且柔软下垂，形似伞状；枝叶层层叠叠，株形优雅	喜欢温暖湿润、通风和明亮光照	在园林、路口、林缘等种植
37	暴马丁香	木犀科	丁香属	落叶小乔木或大乔木	高达10m，春末夏初花繁叶茂	喜光，喜温暖、湿润及阳光充足	广泛栽植于庭园、机关、厂矿、居民区等地

（续表）

序号	中文名	科	属	形态	观赏特性	习性	应用
38	文冠果	无患子科	文冠果属	落叶灌木或小乔木	高2～5m；小枝粗壮，褐红色，无毛，顶芽和侧芽有覆瓦状排列的芽鳞	喜阳，耐半阴，对土壤适应性很强，耐瘠薄、耐盐碱，抗寒能力强	可于公园、庭园、绿地孤植或群植
39	山桃稠李	蔷薇科	稠李属	落叶小乔木	高4～10m；树皮光滑成片状剥落；老枝黑褐色或黄褐色，无毛	喜湿润肥沃土壤，又耐干旱瘠薄；适应性强，抗病力强，耐寒	可作为庭院树、行道树及街心绿地栽培，具有观赏价值。在园路、街道和墙边可列植，在庭园、公园和广场内可孤植、丛植或片植，也可植于林缘、坡地等处
40	花红	蔷薇科	苹果属	落叶小乔木	花红春花灿烂如霞，夏末秋初果色或橙黄或脂红，让人赏心悦目	喜光，耐寒，耐干旱，也能耐一定的水湿和盐碱	适宜在庭院少量栽种，也可以在山区土壤深厚的地方栽种，以吸引鸟类和啮齿类野生动物
41	甘肃山楂	蔷薇科	山楂属	落叶灌木或乔木	高2.5～8m；枝刺多，锥形，长7～15mm；小枝细，圆柱形，无毛，绿带红色，二年生枝光亮	耐瘠薄，喜光照，稍耐阴，抗旱性和耐寒性较强	可孤植，也可列植，可植于风景区、公园、以供庭园观赏

表2 辅助树种

序号	中文名	科	属	形态	观赏特点	习性	应用
1	沙地柏	柏科	圆柏属	常绿匍匐灌木	树冠浓密，树形优美，寿命长	耐旱性强	果树
2	高山柏	柏科	圆柏属	常绿灌木	高可达3m，或匍匐状，或为乔木，高达10m以上，树皮褐灰色；小枝直或弧状弯曲，下垂或伸展	耐旱性强	是盆景爱好者常用树种

（续表）

序号	中文名	科	属	形态	观赏特点	习性	应用
3	方枝柏	柏科	圆柏属	常绿乔木	高达15m，胸径达1m；树皮灰褐色，裂成薄片状脱落；枝条平展或向上斜展，树冠尖塔形；小枝四棱形	耐旱性强	可作分布区干旱阳坡的造林树种
4	陕甘瑞香	瑞香科	瑞香属	常绿灌木	叶多密集于枝顶，长圆形或窄倒卵状披针形	耐阴、耐寒	常见于山坡林下或岩石缝中
5	凹叶瑞香	瑞香科	瑞香属	常绿灌木	高0.4～1.5m，幼枝密被灰黄或灰褐色刚伏毛，老枝无毛	耐阴、耐寒	可移植庭园作观赏植物，茎皮纤维为优良的造纸原料
6	香荚蒾	忍冬科	荚蒾属	落叶灌木	高达5m；当年小枝绿色，近无毛，二年生小枝红褐色，后变灰褐色或灰白色。冬芽椭圆形，顶尖，有2～3对鳞片	喜光，喜湿润、肥沃、疏松土壤，萌蘖能力强；耐寒，耐半阴，耐修剪，适应性强，抗性强	是优良的早春观花灌木，在城市园林绿化中有着广阔的应用前景
7	陕甘花楸	蔷薇科	花楸属	落叶灌木或小乔木	小枝圆柱形，暗灰色或黑灰色，具少数不明显皮孔，无毛；冬芽长卵形，先端急尖或稍钝，外被数枚红褐色鳞片，无毛或仅先端有褐色柔毛	喜光，喜湿润，喜肥沃、疏松土壤	枝叶秀丽，秋季结白色果实。是一种优良的园林观赏树种
8	多腺悬钩子	蔷薇科	悬钩子属	落叶灌木	高1～3m，枝初直立后蔓生，密生红褐色刺毛、腺毛和稀疏皮刺	耐阴，喜湿润	果微酸可食；根、叶入药，可解毒及作强壮剂；茎皮可提取栲胶
9	水栒子	蔷薇科	栒子属	落叶灌木	高达4m；枝条细瘦，常呈弓形弯曲，小枝圆柱形，红褐色或棕褐色，无毛，幼时带紫色，具短界毛，不久脱落	性强健，耐寒，喜光，稍耐阴	宜丛植于草坪边缘、园路转角、坡地

（续表）

序号	中文名	科	属	形态	观赏特点	习性	应用
10	西北栒子	蔷薇科	栒子属	落叶灌木	枝条细瘦开张，小枝圆柱形，深红褐色，幼时密被带黄色柔毛，老时无毛	性强健，耐寒，喜光，稍耐阴	可搭配在山地、山坡阴处、沟谷边、灌木丛中
11	匍匐栒子	蔷薇科	栒子属	落叶灌木	茎不规则分枝，平铺地上；小枝细瘦，圆柱形，幼嫩时具糙伏毛，逐渐脱落，红褐色至暗灰色	性强健，耐寒，喜光，稍耐阴	性强健，耐寒，喜光，稍耐阴
12	峨眉蔷薇	蔷薇科	蔷薇属	落叶灌木	小枝细弱，无刺或有扁而基部膨大皮刺，幼嫩时常密被针刺或无针刺	喜阳光，亦耐半阴，较耐寒	宜庭院种植
13	榆叶梅	南洋杉科 蔷薇科	南洋杉属 桃属	常绿乔木	在原产地高达60～70m，胸径达1m以上，树皮灰褐色或暗灰色	喜暖湿气候，不耐干旱与寒冷	宜独植作为园景树或作纪念树，亦可作行道树
14	毛樱桃	蔷薇科	樱属	落叶灌木	通常高0.3～1m，稀呈小乔木状，高可达2～3m。小枝紫褐色或灰褐色，嫩枝密被绒毛到无毛	喜光、喜温、喜湿、喜肥	庭园常见栽培
15	假稠李	蔷薇科	臭樱属	落叶灌木或小乔木	高2～7m；多年生小枝紫褐色，有光泽，无毛；当年生小枝紫红色或带绿色，幼时微被短柔毛，以后脱落无毛	喜阳光充足	庭园常见栽培
16	蒙古绣线菊	蔷薇科	绣线菊属	落叶灌木	高达3m；小枝细瘦，有稜角，幼时无毛，红褐色，老时灰褐色；冬芽长卵形，先端长渐尖，较叶柄稍长，外被2枚棕褐色鳞片，无毛	抗旱性强，喜光，耐贫瘠土壤，根系发达	城市园林植物造景中，可以从植于山坡、水岸、湖旁、石边、草坪角隅或建筑物前后

（续表）

序号	中文名	科	属	形态	观赏特点	习性	应用
17	细枝绣线菊	蔷薇科	绣线菊属	落叶灌木	高可达3m；枝条直立或开张，暗红褐色，冬芽卵形，先端急尖，叶片卵形至倒卵状长圆形，先端圆钝，基部楔形，下面浅绿色	耐寒、耐旱	可以丛植于山坡、水岸、湖旁、石边、草坪角隅或建筑物前后
18	高山绣线菊	蔷薇科	绣线菊属	落叶灌木	枝条直立或开张，小枝有明显棱角，幼时红褐色，老时灰褐色；冬芽卵形，通常无毛，有数枚外露鳞片	耐寒、耐旱、耐瘠薄、耐阴湿	可作为高海拔地区园林绿化上的绿篱、球形造型，可孤植、丛植、群植、片植等，形式多样，具有较高的观赏价值
19	欧李	蔷薇科	樱属	落叶灌木	树皮灰褐色，小枝被柔毛。叶互生，长圆形或椭圆状披针形，长2.5～5cm，宽1～2cm，先端尖，边缘有浅细锯齿，下面沿主脉散生短柔毛；托叶线形，早落	喜温暖、湿润	可用于荒山坡或沙丘边
20	鸡麻	蔷薇科	鸡麻属	落叶灌木	高0.5～2m，稀达3m。小枝紫褐色，嫩枝绿色，光滑。叶对生，卵形，长4～11cm，宽3～6cm；萼片大，卵状椭圆形	喜湿润环境，但不耐积水，喜光，耐寒	可供庭园绿化
21	接骨木	忍冬科	接骨木属	落叶灌木	高5～6m；老枝淡红褐色，具明显的长椭圆形皮孔，髓部淡褐色	喜向阳，但又能稍耐阴	可用于林下、灌木丛中

（续表）

序号	中文名	科	属	形态	观赏特点	习性	应用
22	锦带花	忍冬科	锦带花属	落叶灌木	枝条开展，树型较圆筒状，有些树枝会弯曲到地面，小枝细弱，幼时具2列柔毛。叶椭圆形或卵状椭圆形，端锐尖	喜光，耐阴，耐寒	适宜庭院墙隅、湖畔群植；也可在树丛林缘作篱笆、丛植配植；点缀于假山、坡地；对氯化氢抗性强，是良好的抗污染树种
23	金银木	忍冬科	忍冬属	落叶灌木	高达6m，茎干直径达10cm；凡幼枝、叶两面脉上、叶柄、苞片、小苞片及萼檐外面都被短柔毛和微腺毛	喜强光，稍耐旱	最常见的树种之一，花是优良的蜜源，果是鸟的美食
24	毛叶丁香	棕榈科	刺葵属	常绿乔木	株形丰满，枝叶拱垂似伞形，细密的羽状复叶潇洒飘逸	较耐阴，耐旱，耐瘠	行道树和园林绿化树种
25	连翘	棕榈科 木犀科	棕竹属 连翘属	常绿观叶植物	从生灌木，高2～3m，茎干直立圆柱形，有节	喜温暖湿润及通风良好的半阴环境，不耐积水，极耐阴，畏烈日	丛植于庭院内大树下或假山旁
26	荆条	棕榈科 马鞭草科	棕竹属 牡荆属	常绿观叶植物	从生灌木，高2～3m，甚至更高	喜温暖湿润、半阴和通风良好的环境。忌烈日暴晒	优良的园林及室内观赏植物
27	猬实	忍冬科	蝟实属	常绿乔木	高可达3m；叶椭圆形至卵状椭圆形，叶片上面深绿色，两面散生短毛	喜光，耐旱	可植于山坡、路边和灌丛中
28	毛叶小檗	小檗科	小檗属	落叶灌木	枝有槽，幼枝绿色，有柔毛，老枝黄灰色	喜光，耐旱	可用于沟边、林缘、山坡灌丛、山坡林中

（续表）

序号	中文名	科	属	形态	观赏特点	习性	应用
29	紫花卫矛	卫矛科	卫矛属	常绿灌木	高1～5m。叶纸质，卵形、长卵形或阔椭圆形	喜疏松、肥沃、富含腐殖质的中性土壤	可作庭园绿化植物
30	沙棘	胡颓子科	沙棘属	落叶灌木或乔木	高1.5m，生长在高山沟谷中可达18m，棘刺较多，粗壮，顶生或侧生	喜光，耐寒，耐酷热，耐风沙及干旱气候	沙漠和高寒山区的恶劣环境中能够生存的植物
31	黄栌	漆树科	黄栌属	落叶小乔木或灌木	树冠圆形，高可达3～8m，宽2.5～6cm，木质部黄色，树汁有异味	喜光，也耐半阴；耐寒，耐干旱瘠薄和碱性土壤，不耐水湿	最适合城市大型公园、天然公园、半山坡上、山地风景区内群植成林，可以单纯成林，也可与其他红叶或黄叶树种混交成林
32	盐肤木	漆树科	盐肤木属	落叶小乔木或灌木	高可达10m；小枝棕褐色，叶片多形，卵形或椭圆状卵形或长圆形，先端急尖，基部圆形，顶生小叶基部楔形	适应性强，耐寒	宜植于向阳山坡、沟谷、溪边的疏林或灌丛中
33	扁核木	蔷薇科	扁核木属	常绿灌木	高1～5m；老枝粗壮，灰绿色，小枝圆柱形，绿色或带灰绿色，有棱条，被褐色短柔毛或近于无毛；枝刺长可达3.5cm，刺上生叶，近无毛	喜光、喜湿润的气候，但也能耐旱、耐寒	适宜栽山谷或路旁等处
34	紫穗槐	豆科	紫穗槐属	常绿灌木	叶薄革质，形状大小变异很大	喜高温、湿润和阳光充足的环境，不耐寒	多用于公园、绿地和庭园美化，既可丛植，也可作绿篱
35	树锦鸡儿	豆科	锦鸡儿属	落叶小乔木	高2～6m；老枝深灰色，平滑，小枝有棱，幼时绿色或黄褐色，小叶长圆状倒卵形。	性喜光，亦较耐阴，耐寒性强	可孤植、丛植于路旁、坡地或假山岩石旁，也可作绿篱材料和盆景

（续表）

序号	中文名	科	属	形态	观赏特点	习性	应用
36	多花胡枝子	豆科	胡枝子属	落叶小灌木	高30～60（100）cm。根细长；茎常近基部分枝；枝有条棱，被灰白色绒毛。托叶线形，长4～5mm，先端刺芒状；羽状复叶具3小叶	喜温暖湿润	可植于干旱山坡或山坡丛林中
37	百里香	唇形科	百里香属	落叶灌木	叶为卵圆形，花序头状，花萼管状、钟形或狭钟形，花冠紫红、紫或淡紫、粉红色，花期7～8月，小坚果近圆形或卵圆形	喜温暖，喜光和干燥的环境	庭院绿化
38	太平花	虎耳草科	山梅花属	落叶灌木	高1～2m，分枝较多；二年生小枝无毛，表皮栗褐色，当年生小枝无毛，表皮黄褐色，不开裂	有较强的耐干旱瘠薄能力。半阴性，能耐强光照，耐寒	宜丛植于、林缘、园路拐角和建筑物前，亦可作自然式花篱或大型花坛的中心栽植材料
39	山梅花	虎耳草科	山梅花属	落叶灌木	二年生小枝灰褐色，表皮呈片状脱落，当年生小枝浅褐色或紫红色	适应性强，喜光，喜温暖也耐寒、耐热	庭院绿化
40	柽柳	柽柳科	柽柳属	落叶乔木或灌木	老枝直立，暗褐红色，光亮，幼枝稠密细弱，常开展而下垂，红紫色或暗紫红色，有光泽	能耐烈日暴晒，耐干又耐水湿，抗风又耐碱土	为庭园观赏植栽
41	互叶醉鱼草	马钱科	醉鱼草属	常绿灌木或小乔木	枝上互生；在花枝上或短枝上的叶很小，椭圆形或倒卵形。花多朵组成簇生状或圆锥状聚伞花序；花芳香；花萼钟状，花萼裂片三角状披针形；花冠紫蓝色；雄蕊着生于花冠管内壁中部，花丝极短，花药长圆形	耐干又耐水湿，抗风又耐碱土	宜在花径、山石旁丛植或作稀疏林下的地被植物，也可盆栽室内观赏

表3 地被植物

序号	中文名	科	属	形态	观赏特性	习性	应用
1	野牛草	禾本科	野牛草属	多年生低矮草本植物	叶鞘疏生柔毛；叶舌短小，具细柔毛；叶片线形，粗糙，长3～10cm，宽1～2mm，两面疏生白柔毛	喜温暖湿润环境	可种植于如高速公路旁、机场跑道，高尔夫球场等次级高草区
2	结缕草	百合科 禾本科	结缕草属	多年生草本	具横走根茎，须根细弱。秆直立，基部常有宿存枯萎的叶鞘	喜光、耐阴、抗踩踏、弹性良好	普遍应用于中国各地的运动场地草坪
3	紫羊茅	禾本科	羊茅属	多年生草本植物	具短根茎或具根头。疏丛或密丛生，秆直立，平滑无毛，高30～60（70）cm，具2节	能充分利用弱光	在中国黑龙江、乌苏里江和松花江的绿化、美化中起到了较好的作用
4	苇状羊茅	禾本科	羊茅属	多年生草本	植株较粗壮，秆直立，平滑无毛，高80～100cm，径约3mm，基部可达5mm	适应性很强，耐寒又耐热	是建立人工草场及改良天然草场非常有前途的草种
5	小糠草	禾本科	剪股颖属	多年生草本	具细长的根茎但无匍匐茎。秆直立或基部膝曲后上升，基部节上可生不定根，高40～130（150）cm，径粗2～3mm，常具3～6节，草黄色而有光泽	适应性强，耐寒，亦能抗热，喜湿润土壤，也能耐旱	用于路旁、沟边、公园等固土护坡草坪
6	白颖苔草	莎草科	苔草属	多年生草本	秆高5～20cm，纤细，平滑，基部叶鞘灰褐色，细裂成纤维状	喜冷凉气候，耐寒能力较强	多用作观赏和装饰性草坪，又可用作人流量不多的公园、庭园、街道绿地、花坛四周、喷泉外圈等绿化材料

（续表）

序号	中文名	科	属	形态	观赏特性	习性	应用
7	糙缘苔草	莎草科	苔草属	多年生草本	秆高25～70cm，平滑，基部具暗褐色分裂成纤维状的老叶鞘	耐寒、耐旱	可用于沼泽化湿地上、高山草甸以及云杉林下
8	异穗苔草	莎草科	苔草属	多年生草本植物	秆高20～40cm，三棱形，下部平滑，上部稍粗糙，基部具红褐色、无叶片的鞘，老叶鞘常撕裂成纤维状	喜冷凉气候，耐寒能力很强	可栽植在河边、湖泊、池旁等阴湿地方
9	费菜	景天科	景天属	多年生草本	根状茎短，粗茎高可达50cm，直立。叶互生，叶坚实，近革质	阳性植物，稍耐阴，耐寒，耐干旱瘠薄	适宜用于城市中一些立地条件较差的裸露地面作绿化覆盖
10	狭穗景天	景天科	八宝属	多年生草本	根状茎短，须根细。茎高50～100cm。3～5叶轮生，叶长圆形，长4～7.5cm，宽1.5～2cm，先端渐尖，钝，基部渐狭，边缘有疏钝齿	喜温暖、湿润环境	可植于在山坡、沟边灌丛中、疏林中
11	马蔺	鸢尾科	鸢尾属	多年生密丛草本	根茎叶粗壮，须根稠密发达，长度可达1m以上，呈伞状分布	耐高温、干旱、水涝、盐碱	可植于路旁、山坡草地
12	东方草莓	蔷薇科	草莓属	多年生草本植物	茎被开展柔毛，上部较密，下部有时脱落	喜光，喜湿润	可作为水果经济植物
13	歪头菜	豆科	野豌豆属	多年生草本	高40～100cm，根茎粗壮近木质，主根长达8～9cm，直径2.5cm，须根发达，表皮黑褐色	喜阴湿及微酸性沙质土	可用于林缘、草地、沟边及灌丛中
14	金色补血草	白花丹科	补血草属	多年生草本	高4～35cm，全株（除萼外）无毛。茎基往往被有残存的叶柄和红褐色芽鳞	喜光，喜湿润	可用于生长于海拔2000～2900m的黄土山坡和砂地上

（续表）

序号	中文名	科	属	形态	观赏特性	习性	应用
15	白射干	鸢尾科	鸢尾属	多年生草本植物	根状茎为不规则的块状，棕褐色或黑褐色；须根发达，粗而长，黄白色，分枝少	喜温凉气候，耐寒性强	适合栽培的范围较广，如公园、公路绿化带、住宅小区绿化及企事业、工厂和学校环境美化等均可种植或盆栽摆放

六、亚热带常绿、落叶阔叶林区

区域内主要城市：武汉、沙市、黄石、宜昌、南昌、景德镇、九江、吉安、井冈山、赣州、上海、长沙、株洲、岳阳、怀化、吉首、常德、湘潭、衡阳、邵阳、郴州、桂林、韶关、梅州、三明、南平、杭州、温州、金华、宁波、重庆、成都、都江堰、绵阳、内江、乐山、自贡、攀枝花、贵阳、遵义、六盘水、安顺、昆明、大理。

表1　落叶乔木及小乔木

序号	中文名	科	属	高度（m）	生态习性	生物学特性及观赏特性	园林用途
1	二球悬铃木	悬铃木科	悬铃木属	30	阳性，喜温暖湿润气候，成荫快，耐修剪	树冠广展，叶大阴浓	行道树、庭荫树
2	梧桐（青桐）	梧桐科	梧桐属	16	阳性，喜温暖湿润气候，不耐寒，深根性，抗有毒气体	叶掌状，裂缺如花。夏季开花，花小，淡黄绿色	行道树、风景树
3	榆树（白榆）	榆科	榆属	25	阳性，根系发达，耐干冷气候及中度盐碱，不耐水湿，具抗污染性	树干直立，枝多开展，绿荫较浓；其翅果近圆形，俗称“榆钱”	行道树、庭荫树

（续表）

序号	中文名	科	属	高度（m）	生态习性	生物学特性及观赏特性	园林用途
4	水杉	杉科	水杉属	40	阳性，喜气候温暖湿润，耐寒性强，耐水湿能力强	树干通直挺拔，树冠尖塔形或广圆形，叶色翠绿，入秋后叶色金黄	风景林、造林树
5	栾树	无患子科	栾树属	20	喜光，耐寒，稍耐半阴，深根性，抗风能力较强	季相变化丰富，春季嫩叶多为红叶，夏季黄花满树，入秋叶色变黄，果实紫红，形似灯笼	庭荫树、行道树、园景树
6	朴树	榆科	朴属	20	喜光，适于温暖湿润气候，稍耐阴，耐寒，具一定耐干旱能力	树冠圆满宽广、树荫浓密繁茂	行道树、庭荫树
7	枫杨	胡桃科	枫杨属	30	阳性，深根性树种，萌芽力很强，耐修剪、耐水湿	树冠广卵形。4月开黄绿色柔荑花，8月果熟、灰褐色，成串悬于新枝顶	庭荫树、固堤护岸及造林树种
8	马褂木	木兰科	鹅掌楸属	40	阳性，喜光及温和湿润气候，有一定的耐寒性	树干端直，树姿雄伟，叶形奇特，秋叶金黄，极佳的彩色观叶树种；花期4～5月，其花形似黄马褂	庭荫树、园景树
9	桑树	桑科	桑属	3～7	阳性，喜温暖湿润气候，稍耐阴，耐旱、不耐涝，抗烟尘及有毒气体	树冠宽阔，枝叶茂密，秋季叶色变黄	庭荫树
10	黄连木	漆树科	黄连木属	25～30	弱阳性，耐干旱贫瘠，抗污染	树冠开阔，枝叶茂密，秋叶橙黄或红色	庭荫树、行道树
11	毛泡桐（紫花泡桐）	玄参科	泡桐属	15～25	强阳性，喜温暖，较耐寒，耐盐碱，速生	花鲜紫色，内有紫斑及黄条纹，花期4～5月，先叶开放	庭荫树、行道树

（续表）

序号	中文名	科	属	高度（m）	生态习性	生物学特性及观赏特性	园林用途
12	无患子	无患子科	无患子属	20	喜光，稍耐阴，耐寒能力较强，深根性，不耐水湿，耐干旱	树干通直，枝叶广展，秋叶变黄，是园林中优良的观叶树种	风景林、庭荫树
13	灯台树	山茱萸科	灯台树属	6～15	喜温暖气候及半阴环境，适应性强，耐寒、耐热、生长快	树枝平展，形如灯台。夏季花序明显，伞房状聚伞花序生于新枝顶端，花白色	庭荫树、园景树
14	垂柳	杨柳科	柳属	20～30	喜光，喜温暖湿润气候，较耐寒，特耐水湿	树冠卵形或倒卵形，小枝细长下垂，淡黄褐色，是观赏效果极佳的水边岸边树	庭荫树、固堤护岸树种
15	龙牙花	豆科	刺桐属	3～15	喜光，能耐半阴。喜温暖，湿润，能耐高温、高湿，亦稍能耐寒	俗称象牙红。红叶扶疏，初夏开花，深红色的总状花序好似一串红色月牙，艳丽夺目	园景树、庭荫树
16	紫叶李	蔷薇科	李属	8	喜光及温暖湿润气候，有一定抗旱能力。适应性强，较耐水湿	小枝光滑，幼时紫色，生长季叶色红紫。花期4月，花叶同放，花淡粉红色，著名观花观叶树种	行道树、风景林
17	银杏	银杏科	银杏属	40	喜光树种，深根性，生长较慢，寿命极长	孑遗树种，雌雄异株，秋叶变黄，是著名的秋季观叶树种	庭园树、行道树
18	乌桕	大戟科	乌桕属	15	喜光树种，能耐间歇或短期水淹，对土壤适应性较强，深根性	树冠整齐，叶形秀丽，秋叶经霜时如火如荼，十分美观，有“乌桕赤于枫，园林二月中”之赞名	护堤树、庭荫树、行道树
19	构树	桑科	构属	10～20	阳性，适应性强，耐干旱瘠薄，萌芽力、分蘖力强，耐修剪，抗污染	树皮平滑，浅灰色或灰褐色，树冠张开，卵形至广卵形。花雌雄异株，花期4～5月，果期6～7月	庭荫树、防护林树种

（续表）

序号	中文名	科	属	高度（m）	生态习性	生物学特性及观赏特性	园林用途
20	国槐	豆科	槐属	25	喜光，性耐寒，稍耐阴，不耐阴湿而抗旱	树形高大，树冠优美，羽状复叶，花芳香，花冠白色或淡黄色，花期7～8月	庭荫树、行道树、蜜源植物
21	黄葛树	桑科	榕属	15	阳性，喜温暖湿润的热带、亚热带气候环境，适应力强	半落叶树种，树冠广展，树姿丰满，叶薄革质或皮纸质，花果期4～7月	庭荫树

表2　常绿乔木及小乔木

序号	中文名	科	属	高度（m）	生态习性	生物学特性及观赏特性	园林用途
1	香樟（小叶樟）	樟科	樟属	30	喜光，稍耐阴，喜温暖湿润气候，耐寒性不强，深根性	冠大阴浓，树姿雄伟，枝叶繁茂，枝叶秀丽而有香气	行道树、庭荫树、风景林、防风林
2	女贞	木犀科	女贞属	6～10	喜温暖湿润气候，喜光耐阴，深根性树种，萌芽力强，耐修剪，不耐瘠薄	枝干扶疏，枝叶茂密，花期5～7月，果期7月至翌年5月	庭院孤植或丛植、行道树
3	西南卫矛	卫矛科	卫矛属	5～6	亚热带树种，喜温暖湿润的气候条件，具有较强的抗寒能力	叶色浓绿，叶面光亮，蒴果夏秋呈粉红色，是优良的冬景树种	丛植、庭荫树
4	雪松	松科	雪松属	8～25	弱阳性，喜温和凉润气候，耐寒性不强，抗污染力弱，不耐水湿，浅根性	树冠幼年圆锥形，姿态优美，树干挺直，老枝铺散，小枝稍下垂	庭荫树、风景林

（续表）

序号	中文名	科	属	高度（m）	生态习性	生物学特性及观赏特性	园林用途
5	桢楠（楠木）	樟科	楠属	30	中性偏阴性树种，喜湿耐阴，扎根深，寿命长	树干高大端直，树冠雄伟，叶终年不谢，是组成亚热带常绿阔叶林的主要树种	庭荫树、园景树
6	黑壳楠	樟科	山胡椒属	25	中性偏阴性树种，幼苗及幼树耐阴性较强，喜温暖湿润气候，抗寒性较差	四季常青，树干通直，树冠圆整，枝叶浓密，秋季果实呈黑色	园景树
7	大叶樟（银木）	樟科	樟属	16～25	喜温暖气候，喜光，稍耐阴，深根性	树姿雄伟，叶大光亮，四季常青，其根可提樟脑	行道树
8	银桦	山龙眼科	银桦属	25	喜光，喜温暖、湿润气候、根系发达，较耐旱，不耐寒	树干笔直，树形美观，总状花序，花期5月，橙黄色的花朵	行道树、庭荫树、风景林
9	桂花	木犀科	木犀属	3～5	喜温暖湿润气候，抗逆性强，耐高温，较耐寒，亦能耐阴	终年常绿，枝繁叶茂，仲秋开花，芳香四溢，花黄、白色，浓香	园景树，孤植、对植、丛植均可
10	冬青	冬青科	冬青属	20	亚热带树种，喜温暖气候，有一定耐寒力。较耐阴湿，萌芽力强，耐修剪	树冠卵圆形，5月初开淡紫红色花，有香气。核果11月成熟，红色光亮，经冬不凋	庭院孤植或丛植
11	峨眉含笑	木兰科	含笑属	20	喜温暖、湿润、多雨、日照少、常年多云雾的气候环境	树冠碧绿，花黄色，芳香，花被片带肉质	庭荫树、造林树
12	广玉兰	木兰科	木兰属	30	弱阳性，喜温暖湿润气候，抗污染，不耐碱土	树冠圆锥形，花大，白色，芳香，花期6～7月	园景树、行道树、庭荫树
13	阴香	樟科	樟属	14	较喜光，喜暖热、湿润气候及肥沃土壤，抗风、抗大气污染	树皮光滑，灰褐色至黑褐色，花期主要在秋、冬季，果期主要在冬末及春季	庭荫树、行道树、风景林

（续表）

序号	中文名	科	属	高度（m）	生态习性	生物学特性及观赏特性	园林用途
14	天竺桂	樟科	樟属	10～20	喜阳光，喜温暖湿润气候，幼年期耐阴	树冠伞形或近圆球形，树态优美，花期4～5月，果期7～9月	行道树、庭荫树
15	杜英	杜英科	杜英属	5～15	喜温暖潮湿环境，耐寒性稍差。稍耐阴，根系发达，萌芽力强，耐修剪	秋冬至早春部分树叶转为绯红色，红绿相间，极具观赏价值	行道树、园景树
16	小叶榕	桑科	榕属	15～20	阳性，喜温暖、高湿、长日照环境，耐瘠、抗污染、耐剪、易移植	树形美观，枝叶茂密，树皮深灰色，具有发达的气生根	庭院树，可单植、列植、群植

表3 常绿及落叶灌木

序号	中文名	科	属	高度（m）	生态习性	生物学特性及观赏特性	园林用途
1	十大功劳	小檗科	十大功劳属	2	耐阴，喜温暖湿润气候	花黄色，花期7～8月。叶形秀丽，果黑色	庭植、绿篱
2	海桐	海桐科	海桐花属	2～6	中性，喜温暖湿润气候，不耐寒，对土壤要求不严	常绿灌木，枝叶繁茂，叶色浓绿而又光泽，经冬不凋，种子红艳，极佳的观叶观果植物	作绿篱，孤植、丛植
3	小叶女贞	木犀科	女贞属	1～3	喜光照，稍耐阴，较耐寒，耐修剪，萌发力强	叶小、常绿，叶薄革质，花白色，主枝叶紧密、圆整	多作绿篱及整型植株
4	金叶女贞	木犀科	女贞属	1～3	性喜光，耐阴性较差，耐寒力中等，耐修剪，以疏松肥沃沙壤土为最好	落叶灌木，叶色金黄，花期5～6月，花为银白色，是重要的绿篱材料	多作绿篱

（续表）

序号	中文名	科	属	高度（m）	生态习性	生物学特性及观赏特性	园林用途
5	毛叶丁香	木犀科	丁香属	1.5～2	阳性，耐旱，较耐寒，耐瘠薄	落叶灌木或小乔木，花期6～7月，果期9月，花紫色或淡紫色，具浓香	作为色叶绿篱，可丛植
6	红叶石楠	蔷薇科	石楠属	1.5～2	有极强抗阴及干旱能力，但不抗水湿，耐修剪，对土壤要求不严格	常绿小乔木或灌木，春秋两季，红叶石楠的新梢和嫩叶火红，色彩艳丽持久	群植、片植、孤植或作行道树
7	红花檵木	金缕梅科	檵木属	1.5～2	喜光，稍耐阴，但阴时叶色容易变绿。适应性强，耐寒冷，耐修剪	常绿灌木或小乔木，枝繁叶茂，新叶鲜红色，花期4～5月，紫红色	可用于绿篱，也可用于制作树桩盆景
8	蚝猪刺（三颗针）	小檗科	小檗属	0.7～0.8	耐旱、耐寒，土壤以肥沃、排水良好的夹沙土为好	常绿灌木，茎刺粗壮，三分叉，花期3月，花黄色	生长于山坡林下、林缘或沟边
9	锦绣杜鹃（毛鹃）	杜鹃花科	杜鹃属	1.5～2.5	喜温暖湿润气候，耐阴，忌阳光暴晒	半常绿灌木，花期4～5月，花色一般呈淡粉色至玫紫色，呈漏斗形的花冠5深裂	成片栽植，也可在岩石旁、池畔、草坪边缘丛栽
10	春鹃	杜鹃花科	杜鹃属	1～2	喜凉爽、湿润气候，恶酷热干燥	常绿灌木，一般于4月开花，有深红、淡红、玫瑰、紫等多种色彩	宜配植于树丛、林下、草坪边缘，也可作花篱、花丛配植
11	六月雪	茜草科	白马骨属	1～1.2	喜温暖气候，也稍能耐寒、耐旱，畏强光	常绿灌木，花期5～7月，枝叶密集，白花盛开，雅洁可爱	适宜作花坛境界、花篱和下木，或配植在山石、岩缝间
12	醉鱼草	醉鱼草科	醉鱼草属	1.5～2	阳性，喜温暖湿润气候和深厚肥沃的土壤，适应性强，不耐水湿	落叶灌木，花期4～10月，穗状聚伞花序顶生，花紫色、芳香，全株有毒，毒性弱	可孤植、丛植或群植于草坪、墙角或山石旁

（续表）

序号	中文名	科	属	高度（m）	生态习性	生物学特性及观赏特性	园林用途
13	茶梅	山茶科	山茶属	0.7～0.8	喜温暖湿润，喜光而稍耐阴，忌强光，属半阴性植物	常绿灌木，体态秀丽、花色艳丽，花期长（自11月初至翌年3月）	可孤植或配置点缀
14	四季桂（月月桂）	木犀科	木犀属	0.7～0.8	喜温暖湿润气候，喜光照及肥沃略带酸性、排灌良好的土壤，耐旱，耐寒	常绿小乔木或灌木，花黄白色或淡白色，四季开花、四季飘香	多作绿篱，列植道路两侧
15	火棘	蔷薇科	火棘属	3	阳性，喜温暖气候，不耐寒，耐修剪	常绿灌木，春白花，秋冬红果	丛植、配植点缀，作绿篱
16	鹅掌柴（鸭脚木）	五加科	鹅掌柴属	2	耐阴，忌直射阳光	常绿灌木，南方冬季的蜜源植物。掌状复叶，革质、有光泽。花期10～11月，圆锥状花序，小花白色	可庭院孤植，是南方冬季的蜜源植物
17	棣棠	蔷薇科	棣棠花属	1～3	喜温暖气候，较耐阴，耐寒性不强	落叶灌木，枝叶翠绿细柔，金花满树，别具风姿，花期4～6月，果期6～8月	可作树荫的绿化材料，常成行栽成花丛、花篱
18	龟甲冬青	冬青科	冬青属	5	喜光、稍耐阴，适生于温暖湿润环境，耐寒，耐高温，耐旱性较差	常绿灌木，叶小而密，叶革质，叶面亮绿色，花期5～6月，果期9～10月	用作地被或绿篱
19	小叶黄杨	黄杨科	黄杨属	0.5～1.2	喜温暖、半阴、湿润气候，耐旱、耐寒、耐修剪	常绿灌木，生长低矮，叶片小、枝密，色泽鲜绿	城市绿化、绿篱设置的主要灌木品种
20	洒金珊瑚	丝缨花科	桃叶珊瑚属	1.5	喜光，耐高温，也耐低温	常绿灌木，叶片有大小不等的黄色或淡黄色斑点	丛植、配植点缀，作绿篱

表4 地被及藤本植物

序号	中文名	科	属	高度（cm）	生态习性	生物学特性及观赏特性	园林用途
1	葱兰	石蒜科	葱莲属	20～30	喜阳光充足，耐半阴与低湿，宜肥沃、带有黏性而排水好的土壤	多年生草本，终年常绿，花朵繁多、花期长，花白色，花期7～9月	常用作花坛的镶边材料，也宜绿地丛植，宜作林下半阴处的地被植物
2	玉簪	天门冬科 百合科	玉簪属	30～40	阴性植物，耐寒冷，喜阴湿环境，不耐强烈日光照射	玉簪叶娇莹，花苞似簪，色白如玉，清香宜人，花果期8～10月	常用于湿地及水岸边绿化、树下作地被植物
3	酢浆草	酢浆草科	酢浆草属	35	喜向阳、温暖、湿润的环境，炎热地区宜遮半阴，抗旱能力较强，不耐寒	多年生草本，全体有疏柔毛，花黄色，花、果期2～9月	宜作林下半阴处的地被植物
4	麦冬	百合科	沿阶草属	10～50	阳生，喜温暖湿润，宜于土质疏松、排水良好的微碱性砂质壤土	多年生常绿草本，花白色或淡紫色，花期5～8月，果期8～9月	宜绿地丛植、片植，作林下地被
5	爬山虎（地锦）	葡萄科	地锦属	—	喜阴湿，耐旱，耐寒，对气候、土壤的适应能力强	落叶木质藤本，叶单生，倒卵圆形，在短枝上为3浅裂，果期9～10月	常用于墙面、山石绿化观赏，也可作地被植物栽培
6	异叶地锦	葡萄科	地锦属	—	喜阴湿，耐旱，耐寒，对气候、土壤的适应能力强	落叶木质藤本，两型叶，3小叶及单叶，浆果成熟时紫黑色，果期7～11月	叶形美观，常用于墙面、山石绿化观赏，也可作地被植物栽培
7	鸢尾	鸢尾科	鸢尾属	20～40	喜阳光充足、适度湿润及排水良好的微碱性土壤，耐寒性、耐旱性较强	多年生草本，花蓝紫色，气淡雅，直径约10cm，花期4～5月	常植于向阳坡地、林缘及水边湿地

（续表）

序号	中文名	科	属	高度（cm）	生态习性	生物学特性及观赏特性	园林用途
8	金边吊兰	百合科	吊兰属	15～30	喜温暖湿润、半阴环境。适应性强，较耐旱	多年生常绿草本，叶片呈宽线形，嫩绿色，总状花序，小花白色	悬垂观叶植物
9	肾蕨	肾蕨科	肾蕨属	30	喜温暖潮湿环境，自然萌发力强，喜半阴，不耐寒、较耐旱	附生或土生。叶片线状披针形或狭披针形，一回羽状，羽状多数，互生	可作阴性地被植物或布置在墙角、假山和水池边
10	二月兰	十字花科	诸葛菜属	10～50	适应性强，耐寒，萌发早，喜光，对土壤要求不严	一年或二年生草本，花期3～5月，花紫或白色；萼片长达1.6cm，紫色	早春观花，冬季观绿的地被植物
11	红花石蒜	石蒜科	石蒜属	30	耐寒性强，喜阴，喜湿润，也耐干旱	多年生草本植物，伞形花序，花鲜红色，花期8～9月	常用作背阴处绿化或林下地被花卉
12	萱草	百合科	萱草属	50～100	适应性强，耐寒，喜湿润又耐旱，喜阳光且耐半阴	多年生草本，根状茎粗短，花橘红色至橘黄色，花期为6～7月	多丛植或于花境、路旁栽植，又可作疏林地被植物
13	玉竹	百合科	竹根七属 黄精属	20～50	阴生，对环境条件适应性较强，耐寒，忌强光直射	多年生草本，根状茎圆柱形，叶卵状披针形至卵状椭圆形	适宜于缓山坡、低山丘陵的林下种植
14	大叶仙茅	石蒜科	仙茅属	100	喜温暖阴湿环境，夏季忌强烈日照，耐阴性强	株形美观，叶色翠绿，花黄色，总状花序，花期5～6月	可用作林下或阴地的地被植物
15	一叶兰（蜘蛛抱蛋）	百合科	蜘蛛抱蛋属	30～40	性喜温暖、湿润的半阴环境，比较耐寒，不耐盐碱，不耐瘠薄、干旱	多年生常绿宿根性草本。叶单生，叶形挺拔整齐，叶色浓绿光亮	适宜与其他观花植物配合布置
16	冷水花	荨麻科	冷水花属	25～70	喜温暖、湿润的气候，喜疏松肥沃的沙土，耐修剪、易繁殖	多年生草本，具匍匐茎。株丛小巧素雅，叶片花纹美丽，叶色绿白分明	可作地被及室内绿化材料

七、南部暖温带落叶阔叶林区

区域内主要城市：青岛、烟台、日照、威海、济宁、济南、泰安、淄博、潍坊、枣庄、临沂、莱芜、东营、新泰、滕州、郑州、洛阳、开封、新乡、焦作、安阳、西安、咸阳、徐州、连云港、盐城、淮北、蚌埠、韩城、铜川。

表1 落叶乔木

序号	中文名	科	属	生态习性	生物学特性及观赏特性	园林用途
1	榉树	榆科	榉属	喜湿润，抗风力强。忌积水，不耐干旱和贫瘠，生长慢，寿命长	树冠倒卵状伞形，花期4月，果期9～11月	行道树、庭荫树
2	金钱松	松科	金钱松属	喜温暖、潮湿、土层深厚、肥沃	花期4月，球果10月成熟	行道树、庭荫树
3	落羽杉	杉科	落羽杉属	适应性强，能耐低温、干旱、涝渍和土壤瘠薄，耐水湿，抗污染	树形优美，羽毛状的叶丛极为秀丽，树干尖削度大，干基通常膨大	行道树、风景树
4	毛白杨	杨柳科	柳属	阳性，不耐过度干旱瘠薄，稍耐碱	树干通直，树冠卵圆形或卵形	行道树、庭荫树
5	胡桃	胡桃科	胡桃属	喜光，喜温凉气候，较耐干冷，不耐温热	树冠圆满宽广、树荫浓密繁茂，花期5月，果期10月。	风景林、造林树
6	枫杨	胡桃科	枫杨属	阳性，深根性树种，萌芽力很强，耐修剪、耐水湿	树冠广卵形，4月开黄绿色柔荑花，8月果熟、灰褐色，成串悬于新枝顶	庭荫树、固堤护岸及造林树种
7	春榆	榆科	榆属	适应性强，能耐低温、干旱、涝渍和土壤瘠薄，耐水湿，抗污染	树形优美，枝条秀丽	庭荫树、行道树、防护树种
8	榔榆	榆科	榆属	适应性强，能耐低温、干旱、涝渍和土壤瘠薄，耐水湿，抗污染	秋季开花，翅果较小	庭荫树、行道树、防护树种

（续表）

序号	中文名	科	属	生态习性	生物学特性及观赏特性	园林用途
9	构树	桑科	构属	喜光，适应性强，耐干旱瘠薄，耐烟尘，抗大气污染力强	树冠开阔，枝叶茂密且有抗性、生长快，花期4～5月，果期6～7月	庭荫树
10	拓树	桑科	拓属	喜阳	枝叶茂密且有抗性、生长快，花期5月，果期9～10月	庭荫树、行道树
11	杜仲	杜仲科	杜仲属	喜光，耐贫瘠	树皮灰褐色，粗糙	庭荫树、行道树
12	紫叶李	蔷薇科	李属	喜光，喜温暖，湿润	花期4月，果期8月	庭院孤植或丛植
13	臭椿	苦木科	臭椿属	喜光，不耐阴，适应性强	树干通直，枝叶广展，花期4～5月，果期8～10月	风景林、庭荫树
14	楝树	楝科	楝属	喜温暖湿润气候，喜光，不耐阴，较耐寒	花瓣白中透紫，花期4～5月，果期10～12月	造林树种、园景树
15	香椿	楝科	香椿属	喜光，喜温暖湿润气候，较耐寒，特耐水湿	树冠卵形或倒卵形，小枝细长下垂，淡黄褐色，是观赏效果极佳的水边、岸边树	行道树及庭荫树
16	乌桕	大戟科	乌桕属	喜光，对光照、温度均有一定的要求，在年平均温度15℃以上	树冠整齐，叶形秀丽，秋叶经霜时如火如荼，十分美观，有“乌桕赤于枫，园林二月中”的赞名	行道树、庭荫树
17	盐肤木	漆树科	盐肤木属	喜光，喜温暖湿润气候，适应性强，耐寒	奇数羽状复叶有小叶，花期7～9月，果期10～11月	风景林、庭荫树
18	桃叶卫矛	卫矛科	卫矛属	喜光及温暖湿润气候，有一定抗旱能力，适应性强，较耐水湿	树形优美，小枝常四棱形，花黄绿色，花期5～6月，果期9月	庭园树
19	三角枫	槭树科	槭树属	喜光，稍耐阴，喜温暖湿润气候，稍耐寒，较耐水湿，耐修剪	外貌椭圆形或倒卵形，花多数常成顶生被短柔毛的伞房花序，花期4月，果期8月	庭园树

（续表）

序号	中文名	科	属	生态习性	生物学特性及观赏特性	园林用途
20	鸡爪槭	槭树科	槭树属、槭属	喜欢光，忌西射，西射会焦叶，较耐阴	叶形美观，入秋后转为鲜红色，色艳如花，灿烂如霞	庭园树
21	无患子	无患子科	无患子属	喜光，稍耐阴，耐寒能力较强。对土壤要求不严，深根性，抗风力强。不耐水湿，能耐干旱	树冠开阔，枝开展，叶互生；无托叶；有柄，花期春季，果期夏秋	庭园树
22	黄山栾	无患子科	栾属	喜温暖湿润气候，喜光，亦稍耐半阴	树冠开阔，叶平展，二回羽状复叶，花期7～9月，果期8～10月	庭荫树、行道树、防护树种
23	南京椴	椴树科	椴树属	喜温暖湿润气候，适应能力强，耐干旱瘠薄	高大乔木，树皮灰白色；嫩枝有黄褐色茸毛，花期7月	庭荫树
24	梧桐（青桐）	梧桐科	梧桐属	喜光，适生于肥沃、湿润的砂质壤土，喜碱	树干挺直，树皮绿色，平滑	庭荫树、行道树、防护树种
25	国槐	豆科	槐属	耐水湿	乔木，高达25m；树皮灰褐色，具纵裂纹	是行道树和优良的蜜源植物
26	法桐	悬铃木科	悬铃木属	喜光，耐寒、耐旱，也耐湿	悬铃木树形雄伟端庄，叶大阴浓，干皮光滑，适应性强	行道树和庭园树
27	栾树	无患子科	栾属 栾树属	喜光，稍耐半阴	树皮厚，灰褐色至灰黑色，老时纵裂；皮孔小，灰至暗褐色；小枝具疣点	耐寒耐旱，常栽培作庭园观赏树
28	朴树	大麻科 榆科	朴属	喜光，稍耐阴，耐寒	树冠圆整，形如罗伞	可作行道树
29	五角枫	无患子科 槭树科	槭属	稍耐阴，深根性，喜湿润肥沃土壤，在酸性	秋天观叶树种，叶形秀丽，嫩叶红色，入秋又变成橙黄色或红色	园林绿化庭园树、行道树和风景林树种

（续表）

序号	中文名	科	属	生态习性	生物学特性及观赏特性	园林用途
30	银杏	银杏科	银杏属	喜光，深根性	树形优美，春夏季叶色嫩绿，秋季变成黄色，颇为美观	可作庭园树及行道树
31	柿树	柿科	柿属	深根性树种，阳性树种，喜温暖气候	通常高达10～14m，枝开展	园林绿化和庭院经济栽培的最佳树种之一
32	楸树	紫葳科	梓属	喜光，喜温暖湿润气候，不耐寒冷	高8～12m，叶三角状卵形或卵状长圆形	树形优美、花大色艳作园林观赏
33	苦楝	楝科	楝属	喜温暖湿润气候，耐寒、耐碱、耐瘠薄	树形优美，枝条秀丽，在春夏之交开淡紫色花	适宜作庭荫树和行道树
34	玉兰	木兰科	木兰属	喜光，较耐寒，可露地越冬	枝广展，形成宽阔的树冠	可作庭园树
35	樱花	蔷薇科	樱属	耐干旱，抗严寒，少病虫	树形优美，枝条秀丽，在春夏之交开花	其对调节空气、改善环境具有良好的作用，可用于工矿区绿化，易形成绿色屏障
36	云杉	松科	云杉属	浅根性树种，稍耐阴，能耐干燥及寒冷的环境条件	主枝的叶辐射伸展，侧枝上面的叶向上伸展	园林绿化庭院树、行道树和风景林树种
37	红叶石楠	桑科 蔷薇科	桑属 石楠属	喜温暖湿润气候，耐寒，耐干旱，耐水湿能力强	树冠宽阔，树叶茂密，秋季叶色变黄，颇为美观	抗烟尘及有毒气体，适于城市、工矿区及农村四旁绿化。适应性强，为良好的绿化及经济树种

（续表）

序号	中文名	科	属	生态习性	生物学特性及观赏特性	园林用途
38	紫薇	千屈菜科	紫薇属	喜暖湿气候，喜光，略耐阴，喜肥	树干光滑洁净，花色艳丽	在园林绿化中，被广泛用于公园绿化、庭院绿化、道路绿化、街区城市等

表2　常绿乔木

序号	中文名	科	属	高度（m）	生态习性	生物学特性及观赏特性	园林用途
1	女贞	木犀科	女贞属	6～10	喜温暖湿润气候，喜光，耐阴，深根性树种，萌芽力强，耐修剪，不耐瘠薄	枝干扶疏，枝叶茂密，花期5～7月，果期7月至翌年5月	行道树、庭院树
2	红楠	樟科	润楠属	4	喜湿润，多生于低山阴坡湿润处，常与壳斗科、山茶科、木兰科及樟科的其他树种混生，少有成片纯林	2月开花，7月结果	可为用材林和防风林树种，也可作为庭园树种
3	华山松	松科	松属	35	喜温和凉爽、湿润气候，耐寒力强，不耐炎热，喜排水良好，能适应多种土壤，不耐盐碱土	幼树树皮灰绿色或淡灰色，平滑，老时裂成方形或长方形厚块片。花期4～5月，球果第二年9～10月成熟	可为用材林和防风林树种，也可作为庭园树种
4	白皮松	松科	松属	30	喜光树种，耐瘠薄土壤及较干冷的气候	有明显的主干，枝较细长，斜展，塔形或伞形树冠，花期4～5月	孤植、对植，也可丛植成林或作行道树
5	日本五针松	松科	松属	1.5～2	喜生于土壤深厚、排水良好、适当湿润之处	大树树皮暗灰色，裂成鳞状块片脱落	庭园孤植

（续表）

序号	中文名	科	属	高度（m）	生态习性	生物学特性及观赏特性	园林用途
6	赤松	松科	松属	30	喜光树种，抗风力强	树冠优美，雄球花淡红黄色，圆筒形	可作抗风植物
7	柳杉	杉科	柳杉属	30	中等喜光；喜欢温暖湿润、云雾弥漫、夏季较凉爽的山区气候，忌积水	树冠高大，树干通直，边缘有窄翅。花期4月，球果10月成熟	行道树、庭院树
8	广玉兰	木兰科	木兰属	15	树形优美，花大清香	花期5～6月，果期9～10月	行道树、庭院树
9	柳树	杨柳科	柳属	12～18	耐水湿，也能生于干旱处	树冠开展而疏散	为道旁、水边等绿化树种
10	雪松	松科	雪松属	—	喜阳光充足，也稍耐阴	大枝平展，枝梢微下垂，树冠宽塔形	庭园观赏树种
11	龙柏	柏科	圆柏属	—	喜阳，稍耐阴，喜温暖、湿润环境，抗寒	枝条螺旋盘曲向上生长，好像盘龙姿态	应用于公园、庭园、绿墙和高速公路中央隔离带
12	黑松	松科	松属	高达30m，胸径可达2m	喜光，耐干旱瘠薄，不耐水涝，不耐寒	枝条开展，树冠宽圆锥状或伞形	可提供更新造林、园林绿化及庭园造景
13	桧柏	柏科	圆柏属	—	耐干旱，抗严寒，少病虫	树形优美，挺拔壮观，根系强壮，枝叶稠密	其对调节空气、改善环境具有良好的作用，可用于工矿区绿化，易形成绿色屏障

（续表）

序号	中文名	科	属	高度（m）	生态习性	生物学特性及观赏特性	园林用途
14	白蜡	梧桐科	苹婆属	—	喜阳光，喜温暖湿润气候	树冠丰满，秋季开花，香气浓意	庭园树、行道树及风景区绿化树种

表3 落叶及常绿灌木

序号	中文名	科	属	生态习性	生物学特性及观赏特性	园林用途
1	龟甲冬青	冬青科	冬青属	喜光、稍耐阴，适生于温暖湿润环境，耐寒，耐高温，耐旱性较差	常绿灌木，叶小而密，叶革质，叶面亮绿色，5～6月开花，9～10月结果	用作地被或绿篱
2	八仙花	虎耳草科	绣球属	喜温暖、湿润和半阴环境	茎常于基部发出多数放射枝而形成一圆形灌丛；枝圆柱形	现代公园和风景区都以成片栽植，形成景观
3	溲疏	虎耳草科	溲疏属	喜光、稍耐阴。喜温暖、湿润气候，但耐寒、耐旱	落叶灌木，稀半常绿，高达3m，花期5~6月，果期10~11月	宜从植于草坪、路边、山坡及林缘，也可作花篱及岩石园种植材料
4	茶梅	山茶科	山茶属	性喜温暖湿润，喜光而稍耐阴，忌强光，属半阴性植物	常绿灌木，体态秀丽、花色艳丽、花期长，自11月初开至翌年3月	可孤植或配置点缀
5	日本绣线菊	蔷薇科	绣线菊属	应性强，耐寒，耐旱，耐贫瘠，抗病虫害	蓇葖果半开张，花柱顶生，6～7月开花，8～9月结果，有时有2次开花	可作地被观花植物、花篱、花境
6	火棘	蔷薇科	火棘属	阳性，喜温暖气候，不耐寒，耐修剪	常绿灌木，春白花，秋冬红果	丛植、配植点缀，作绿篱

（续表）

序号	中文名	科	属	生态习性	生物学特性及观赏特性	园林用途
7	棣棠	蔷薇科	棣棠花属	喜温暖气候，较耐阴，耐寒性不强	落叶灌木，枝叶翠绿细柔，金花满树，别具风姿，花期4～6月，果期6～8月	可作树荫的绿化材料，常成行栽成花丛、花篱
8	鸭脚木	五加科	鹅掌柴属	喜光，稍耐阴，适应性强，耐修剪	掌状复叶	庭园植物
9	紫荆	豆科	紫荆属	喜光，有一定的耐寒性，喜肥沃、排水良好的土壤，不积水	花紫红色或粉红色，花期3～4月；果期8～10月	丛植、配植点缀
10	紫穗槐	豆科	槐属 紫穗槐属	耐寒性强，耐干旱力强	表面有凸起的疣状腺点。花、果期5～10月	丛植、配植点缀
11	醉鱼草	醉鱼草科 马钱科	醉鱼草属	阳性，喜温暖湿润气候和深厚肥沃的土壤，适应性强，不耐水湿	落叶灌木，花期4～10月，穗状聚伞花序顶生，花紫色、芳香，全株有小毒	可孤植丛植或群植于草坪、墙角或山石旁
12	小叶黄杨	黄杨科	黄杨属	喜温暖、半阴、湿润气候，耐旱、耐寒、耐修剪	常绿灌木，生长低矮，叶片小、枝密，色泽鲜绿，	城市绿化、绿篱设置的主要灌木品种
13	木槿	锦葵科	木槿属	喜光和温暖潮润的气候，稍耐阴、喜温暖、湿润气候，耐修剪、耐热又耐寒	密被黄色星状绒毛；种子肾形，背部被黄白色长柔毛。花期7～10月	可作花篱式绿篱，孤植和丛植
14	连翘	木犀科	连翘属	喜温暖，湿润气候，也很耐寒；耐干旱瘠薄，怕涝	早春先叶开花，花开香气淡艳，满枝金黄，艳丽可爱	可作花篱式绿篱，孤植和丛植
15	毛叶丁香	木犀科	丁香属	阳性，耐旱，较耐寒，耐瘠薄	落叶灌木或小乔木，花期6～7月，果期9月，花紫色或淡紫色，具浓香	作为色叶绿篱，可从植

（续表）

序号	中文名	科	属	生态习性	生物学特性及观赏特性	园林用途
16	迎春	木犀科	素馨属	性耐阴，全日照或半日照均可，喜温暖植物	果椭圆形，两心皮基部愈合，径6～8mm。花期3～4月，果期3～5月	适合花架绿篱或坡地、高地悬垂
17	金银木	忍冬科	忍冬属	喜光，耐半阴，耐旱，耐寒，喜湿润肥沃及深厚的土壤	花芳香，生于幼枝叶腋，果实暗红色，圆形	作为色叶绿篱，可丛植
18	锦带	忍冬科	锦带花属	喜温暖也耐寒，喜阳也稍耐阴	果实长1.5～2.5cm，顶有短柄状喙，疏生柔毛；种子无翅。花期4～6月	丛植、配植点缀，作绿篱
19	小叶女贞	木犀科	女贞属	喜光照，稍耐阴，较耐寒	高1～3m；小枝淡棕色，圆柱形，密被微柔毛，	主要作绿篱栽植；其枝叶紧密、圆整，庭院中常栽植观赏
20	海棠	蔷薇科	苹果属、木瓜属	喜欢凉爽、湿润、半阴的环境	花姿潇洒，花开似锦	用作园林和庭院美化
21	榆叶梅	蔷薇科	桃属	喜光，稍耐阴，耐寒	又叫小桃红，因其叶片像榆树叶，花朵酷似梅花而得名	北方园林、街道、路边等重要的绿化观花灌木树种
22	蔷薇	蔷薇科	蔷薇属	喜光，亦耐半阴，较耐寒	大多是一类藤状爬篱笆的小花	宜布置于花架、花格、辕门、花墙等处
23	瓜子黄杨	黄杨科	黄杨属	喜光、耐阴	高1～6m；枝圆柱形，有纵棱，灰白色	常用绿篱、盆景
24	小龙柏	柏科	圆柏属	喜充足的阳光，适宜种植于排水良好的砂质土壤上	形姿优美，叶浓绿而有光泽，花形艳丽缤纷	庭院、公园、公路等造景

（续表）

表4　地被及藤本植物

序号	中文名	科	属	生态习性	生物学特性及观赏特性	园林用途
1	扶芳藤	卫矛科	卫矛属	喜温暖湿润环境，喜阳光，亦耐阴	常绿藤本灌木，花白绿色，花盘方形，花期6月，果期10月	适宜点缀在墙角、山石
2	常春藤	五加科	常春藤属	阴性藤本植物，也能生长在全光照的环境中，在温暖湿润的气候条件下生长良好，不耐寒	果实圆球形，红色或黄色，花期9～11月，果期翌年3～5月	遮盖室内花园的壁面，使其室内花园景观更加自然美丽
3	鸢尾	鸢尾科	鸢尾属	喜阳光充足、适度湿润及排水良好的微碱性土壤，耐寒性、耐旱性较强	多年生草本，花蓝紫色，气淡雅，直径约10cm，花期4～5月	常植于向阳坡地、林缘及水边湿地
4	二月蓝	十字花科	诸葛菜属	适应性强，耐寒，萌发早，喜光，对土壤要求不严	一年或二年生草本，花期3～5月，花紫或白色；萼片长达1.6cm，紫色	早春观花，冬季观绿的地被植物
5	萱草	百合科	萱草属	适应性强，耐寒，喜湿润又耐旱，喜阳光且耐半阴	多年生草本，根状茎粗短，花橘红色至橘黄色，花期6～7月	多丛植或于花境、路旁栽植，又可作疏林地被植物
6	麦冬	百合科	沿阶草属	阳生，喜温暖湿润，宜于土质疏松、排水良好的微碱性砂质壤土	多年生常绿草本，花白色或淡紫色，花期5～8月，果期8～9月	宜绿地丛植、片植，作林下地被
7	景天	景天科	八宝属	喜温湿环境	多年生肉质草本，高30～70cm，全株带白粉	用于布置花坛、花境、道路隔离带绿化等
8	胶东卫矛	卫矛科	卫矛属	喜阴湿环境，较耐寒冷；适应性较强，前根系植物	高3～8m；小枝圆形	常用作绿篱和地被

致 谢

诚挚感谢大熊猫文化传播品牌pandapia、北京动物园、澳门市政署、南京市红山森林动物园、沈阳森林动物园、济南野生动物世界有限公司、厦门灵玲演艺有限公司、贵阳市黔灵山公园管理处、西宁野生动物园、西宁文化旅游发展投资有限公司、鄂尔多斯市隆胜野生动物园、云南野生动物园、海峡（福州）大熊猫研究交流中心、青岛市动物园管理处、柳州市动物园管理处、宿州森林动物世界有限公司、天津福德动物园管理有限公司、沧州狮城动物大世界有限公司、南宁市动物园、天津亿利动物园管理有限公司、呼和浩特市动物园管理处、河南省海之龙动物园有限公司、东莞市御野世界实业投资有限公司、南通森林野生动物园有限公司、山东省坤河旅游开发有限公司对编写本书提供的帮助和支持。